JN112235

解析塾秘伝 AIとCAEを用いた実用化設計

平野徹　安武健司
片山達也　岡田浩【著】
NPO法人CAE懇話会解析塾
テキスト編集グループ【監修】

日刊工業新聞社

はじめに

「人工知能」（AI：Artifical Intelligence）という言葉が誕生したのは、1956年にアメリカのダートマス大学で開かれた研究集会。計算機による複雑な情報処理を意味する言葉として「人工知能」という名称が使われたとのことです。それから、

- ・「人工知能」のベースとなる「各種統計的手法」
- ・「ニューラルネットワーク」
- ・「ディープラーニング」
- ・上記を活用した各種「機械学習」

などが提唱され、また、これらの手法を後押しするように「コンピュータの性能向上」「画像処理・認識技術の進展」「インターネットの普及」「各種計測機器とインターネットを接続して収集した"ビッグデータ"Internet of Things（モノのインターネット）を用いた分析」などを総合的に用いて業務革新を行うDX（Digital Tarnsformation）の発展がありました。

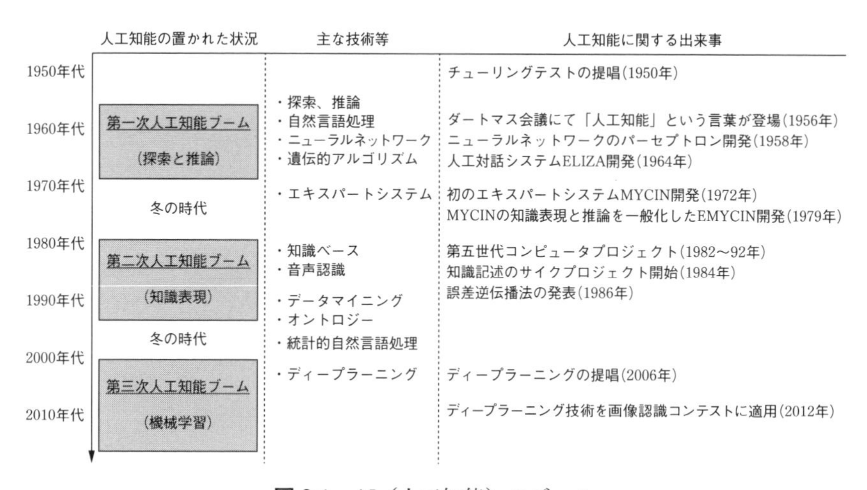

図 0.1　AI（人工知能）のブーム
（出典：総務省　平成28年「情報通信白書」より）

その結果、半世紀以上の歳月をかけ、AIは何度かの発展と停滞を繰り返しながら進化し続け、現在は「自動運転」「交通管制」「物流」「医療分野」「製品の保全」など、さまざまな分野で活用されるようになりました。昨今の経済・工業新聞やネットのニュースで、「AI」や「IoT」を有効活用した改善活動の取り組みが紹介されない日はないくらいです。

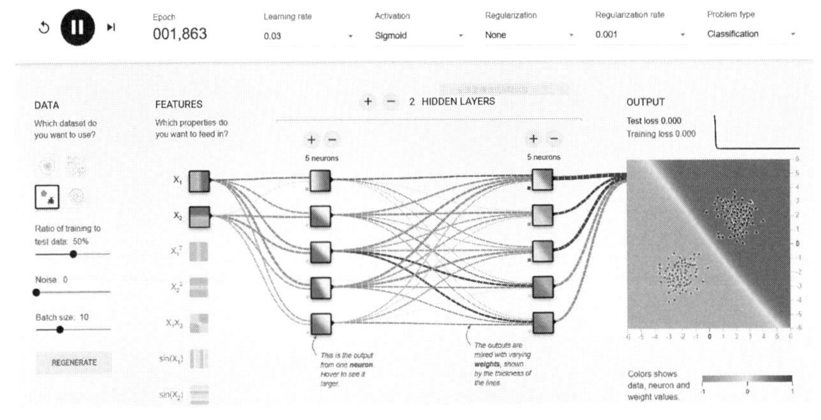

図 0.2　AIの手法　ディープラーニングを用いた分類事例
（出典：A Neural Network Playground　http://playground.tensorflow.org）

しかしながら、現在のAIは、やっと実用化に向けて歩み始めた状態だと私たちは思っています。現在のAIは、あくまでIoTで集められた既存の製品の良・不良やサービス状況等の情報をビッグデータとし、ヒトが「教育型（教師

あり）」の機械学習をベースとしたAIに学習をさせて、製品の不良検知やニーズ分析・市場予測の向上に対して活用することが主になっていると思っています。

一方、私たち「設計者・生産技術者」が本来活用したいと思っている「製品開発」においては、残念ながら、AIは十分に活躍できているとは言えません。その理由は、私たちは少なくとも下記の2点にあると思っています。

(a) 入力データ〔「設計仕様」を解釈して、必要な設計・制御因子（ルール）を設定する。および、製品を作るために必要な、材料・加工法・加工条件などのマスターデータを用意する〕と出力データ（どのような機能、品質になれば、その製品は良品とみなせるかを判断する）の評価指標をヒトが決定しなければならない。
将棋・チェス・囲碁のように、1対1でコマを動かすルール（入力する因子）と勝敗パターン（出力する因子：機能と品質）が決まっているようなものであれば、「強化型の機械学習」と呼ばれるAIが活躍できるのですが、今はせいぜい、教師あり・教育なしの機械学習をベースとしたAIが主で、既存の製品を改良する程度。

(b) 最新の深層学習（ディープラーニング）などのAIは、様々な統計処理手法を持ち、ヒトが入れた入出力データを用いて、確率統計論的に実用的と思われる案を出力するが、「なぜ、その推論が正しいか、どのような特徴量を認識しているか？」は、確率統計論的に逆同定することが難解で、かつ、論理的・工学的な説明にまで構築されていない。私たち設計者・生産技術者としては、「AIが答えを出したから」と製品を製造し、販売するわけにはいかない。製品を販売するためには、顧客対する品質・コスト等の説明責任があり、これを行うためには、確率統計論的に得られたデータを数式化、論理化し、設計者・生産技術者自身が論理的・工学的に、顧客が納得するように説明を行わなければならない。

将来的に、私たちは、ヒトとAI、CAEで下記のようなことができればよいと考えています。

①ヒトが顧客の要求の中から製品仕様を決める。

・QCD：品質（Quality）、コスト（Cost）、納期（Delivery）

・ESH：環境（Environment：省材料化、製品の製造時や使用時の消費エネルギーの削減）、安全性（Safety：設計した製品・および製造現場の安全性確保）、ヒトへの配慮（Human：本人・周辺の方に対しての心地よさ）

②上記で決定する製品仕様について、過去の論文〔最新の設計手法、材料・加工法・加工条件の中（マスターデータ）〕の中から、AIが確率統計的な手法で実用的と思われる設計案につながる「レシピ」（ヒント）のようなものを出して、ヒトがその情報を元に仕様を確定し、構想設計を行う。

③上記の構想設計について、設計者・生産技術者がCAEなどを用いて、論理的・工学的に詳細設計を行い、顧客の納得性を得る。

さらに、AIで実測の誤差と論理的（CAE）誤差（現在の工学の限界や、計算力学（有限要素法等）の設定などからくる計算誤差）を考慮したロバスト設計を行う。

※新製品を創作する際には、まだ、「実態もなければ、顧客が要求する機能も正確に決まっていない」わけですから、3次元CAD（Computer Aided Design）とCAE（計算力学を使用したComputer Aided Engineering）を活用して、設計を行わなければならない。現在のAIで、「新たな製品の創造」を行うためのヒント（レシピのようなもの）は、出してくれるかもしれない。

※上流設計で品質を高めるためには、CAEには、実機との一致が求められます。しかし、すべての自然現象が論理化されているわけではない（例えば、摩耗・腐食・表面の仕上げによる液体と固体の界面張力等の現象）。そこで、現在の工学では解明されていない部分を予備実験で補完し、実験結果をAIで数式化・論理化した上で、必要に応じ、CAEに新たな機能として組み込まなくてはならない。そのためには、実現象を精密に計測する技術が必要。

私たちは、製造業において、ヒトとAIとCAEが、上述の①〜③のようなこ

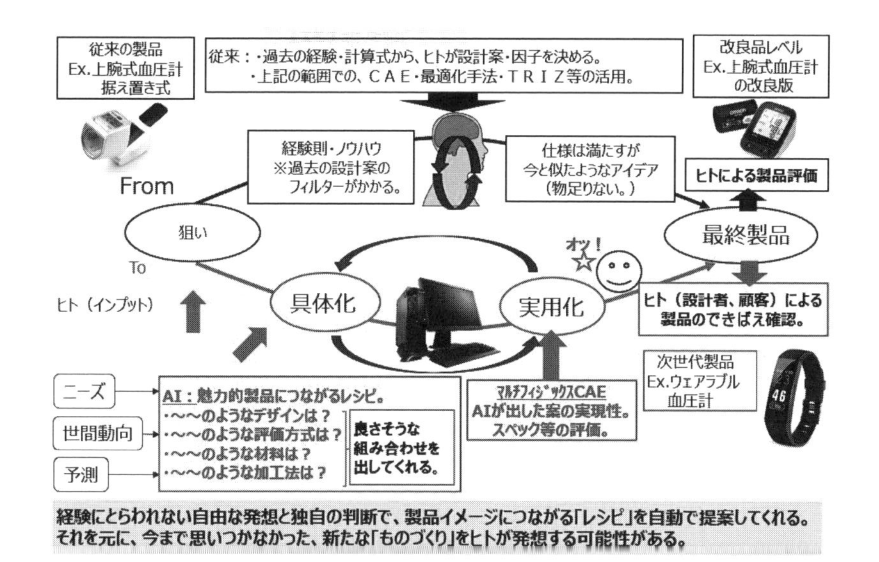

図 0.3　私たちが設計・生産技術開発で、将来 AI と CAE に期待する姿

とが行えれば、商品企画から設計、製造、品質評価に至る一連の設計プロセスの効率化、品質向上、開発期間の短縮など、実用的な設計を行えるものと考えます。そして、その製品を有効活用して、『最適化社会を創出』したいと考えています。しかし、このレベルに達するのは、まだまだ時間がかかるものと思います。

そこで今回私たちは、これからの製造業を担う設計者・製品開発のプロジェクトリーダー・生産技術の開発を行う若手技術者向けに、

・AIの概要を説明する。
・「ヒト」と「AI×CAE」を融合し、どのように活用すれば、従来以上にQuality・Cost・Delivery＋Environment・Safety・Human（Easy to Use）を考慮したものづくりができるのか？　ただし、現状のAIとCAEの融合だけではできない課題もあると思われるので、その際に、追加でどのような技術を構築し、活用しなければならないか？　実用したい目標と、現実的に行えることの事例を紹介する。
・最後に、将来を夢見て、AIとCAE（ここでは拡張CAEと銘打ちます）がどのように進化し、「ヒト」とともにより良い社会を実現していくのか？

を提言することにしました。言うなれば、私たちから、将来を担う設計者・生産技術者に、「夢の設計」を考えてもらうための期待を込めた、将来像のメッセージを本書籍に残そうと思っています。

本書籍が、将来、製造業で働く技術者の役に立つこと、「ヒト」が、AIとCAEがどのような思考で検討しているかを理解できるような形にした上で、夢の「実用化設計」を行い、「最適化社会」を創出できるようになるのかのヒントになれば幸いです。

2021年5月31日　本著の執筆にあたって

執筆者一同

目　次

第２章　実用化事例案

第３章　製品開発 CAE のための統計数理・機械学習の分類と応用

第４章　設計の上流から下流まで全プロセスをカバーするこれからの AI・IoT・CAE の概念と日本の製造業への提言

第５章 AI×CAE がもたらす最適化社会

第1章

AIとは？

製造業の技術者の方々の中には、AIって言葉は聞いたことがあるけど、具体的に何？　と思われている方もいらっしゃると思う。詳細な説明は、他のAIの専門書におまかせするとして、ここでは、「実用化設計」に最低限必要と思われるAIについて説明する。（AIと関連するIoTの概念も説明する。）

1.1 AIとIoTの定義

・AI（Artificial Intelligence：人工知能）

「はじめに」で述べた通り、AIは1956年にアメリカのダートマス大学で開かれた研究集会で提唱された言葉であるが、学術的に確立した定義はない。そこで本書では、「(AIは) 機械（コンピュータ）が人間のように見たり、聞いたり、話したり、動いたりする技術の「頭脳」となる部分」だと考える。

・IoT（Internet of Things：モノのインターネット）

IoTという言葉を初めて使ったのは、1999年、マサチューセッツ工科大学のAuto IDセンター共同創始者であるケビン・アシュトン氏とされている。当時はRFID（電波を用いてRadio Frequency：“電磁界や電波などを用いた近距離の無線通信”のタグのデータを非接触で読み書きするシステム）による商品管理システムをインターネットに譬えたものだった。それから約20年、センサやデバイスなどの機器の計測精度・通信機能の向上とコストダウンに加え、爆発的なインターネット・スマートフォンの普及によって、さまざまな計測機器・サービス機器とインターネットがつながるようになり、「自動運転」「交通管制」「物流」「医療分野」「製品の保全」に必要な情報が集められるようになった。言ってみれば、AIが「頭脳」なら、IoTは、AIに勉強をさせるための土台となる「情報（世間では“ビッグデータ”と呼ばれている)」と私たちは考えている。

それでは、AIの歴史（ブーム）と、その内容について、振り返ってみる。

1.2 AIの歴史（ブーム）と各種AIの手法

AIの歴史（ブーム）の概要は、「はじめに」の冒頭で図示した。改めて、詳細について、振り返っていきたいと思う。

1.2.1 第1次ブーム（1950年代後半～1960年代）

この時代は、本格的に「コンピュータ」と言われる計算機が登場し、次々とAIに関連するであろう、確率統計論を基本とした手法（アルゴリズム）が生まれた。いわば、統計的なデータを主とした「確率推論」法を用いて、正解を「探索」するという試みが行われた時代だと言える。簡単に説明すると、コンピュータが成功と失敗を繰り返しながら、分類分けや成功しそうな確率を考え、パズルやゲームを解く、あるいは迷路などのゴールを調べる手法である。主な、AIの土台となる統計的手法を**図 1.2.1** に示す。

図 1.2.1　AIの基本となる、各種統計学手法
（出典：総務省　ICTスキル総合習得教材　3-5：人工知能と機械学習）

それでは、設計に活用できそうだと考えられる各種手法について、AIの歴史に沿って紹介する。

（1） 回帰分析（線形重回帰、非線形重回帰、応答局面法など）

入力データ（説明する変数）から得られる出力データ（説明される変数：実測データ、CAEデータ等）を用いて、なるべく既存の解に近い近似関数（線形、非線形）を作成、入力データと出力データとの関係性を示す手法である。

近似関数から、設計者・生産技術者が求める「実用解」を求めるために用いられる古典的な手法でもある。線形重回帰手法については、Excel等の分析ツールとしても組み込まれている。

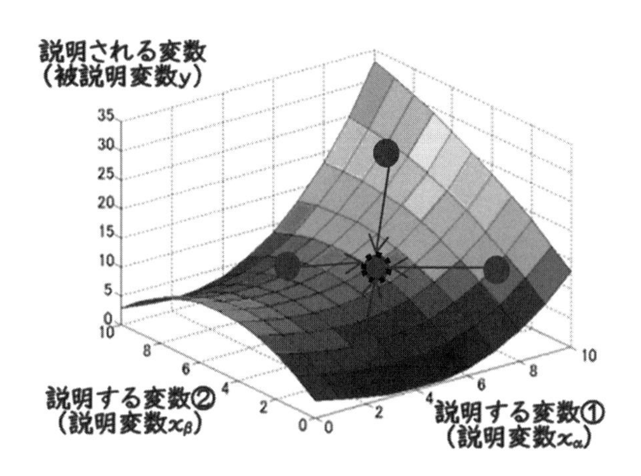

図 1.2.2 回帰分析（非線形）例
（出典：総務省　ICTスキル総合習得教材　3-5：人工知能と機械学習）

(2)　決定木

決定木（けっていぎ）は、木の枝のような段階を経て分かれる形（樹形図：じゅけいず）に判別基準を設定し、データを分類しながら、要因が結果に与える影響を分析する手法である。

図 1.2.3 に、簡単な例を示す。

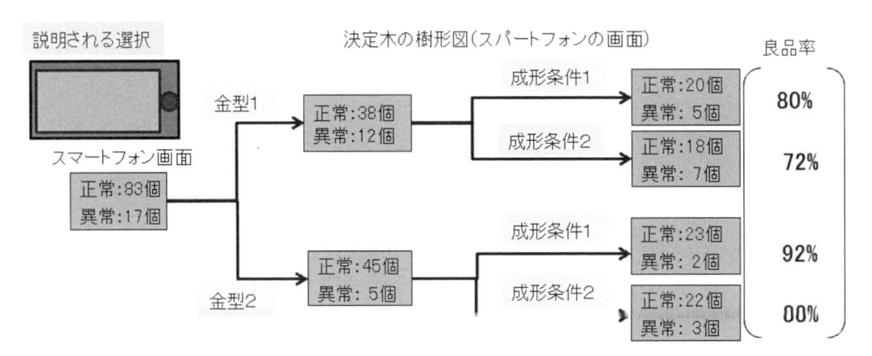

図 1.2.3　決定木の例（スマートフォンの画面の品質）

(3)　クラスタリング

各標本を似たもの同士のグループ（これを「クラスタリング」と言う）へ分類する方法である。簡単なクラスタリングの例を**図 1.2.4** に示す。

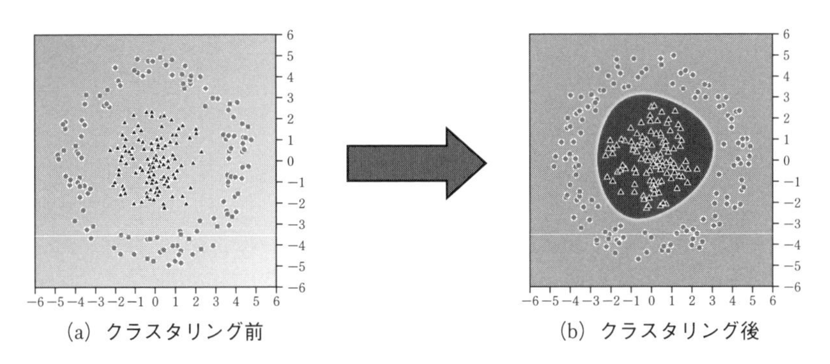

図 1.2.4　クラスタリング
（出典：A Neural Network Playground　http://playground.tensorflow.org）

(4) ベイズ推論

ベイズ推論とは、条件付き確率に関して成り立つもので、トーマス・ベイズによって提唱された。

※「条件付き確率」というのは、ある事象が起こるという条件の下で、別の事象が起こる確率がどれくらいあるかを求めることである。前述の「決定木」の判断過程で使用されている考え方も「ベイズ推論」が土台となっており、また、後述の事例の中で紹介される「ベイズ最適化」の考え方の基本でもある。
以下の簡単な事例で説明する。

まず、「条件付き確率」を議論するための前提条件を「アタリマエ！」のベイズ推定の記事（https://atarimae.biz/archives/15536）をベースに説明する。

◎　前提条件

前提 1：各家庭はそれぞれ犬、猫を合わせて 2 匹飼っている。
（調査した家庭の数は 16 件）

前提 2：各家庭には、犬、猫の組み合わせが、飼った順に（犬、犬）、（犬、猫）、（猫、犬）、（猫、猫）の 4 パターンがあり、それぞれの存在確率は同じ（25 %）とする。

図 1.2.5　前提条件

◎　検討例

「Aさんのご家庭には犬がいますか？」と聞いたら「いますよ」と答えた。この時、Aさんのご家庭に猫がいる確率は？

この場合、答えは2/3になる。前提２より２匹の組み合わせは（犬、犬)、(犬、猫)、(猫、犬)、(猫、猫）の４パターンで、それぞれの存在確率は25％である。このうち、「Aさんのご家庭には犬がいますか？」という質問に「いますよ」と答えるのは（犬、犬)、(犬、猫)、(猫、犬）の３パターンで、そのうち、猫がいる組み合わせは（犬、猫)、(猫、犬）の２パターンになる。そのため、Aさんのご家庭に猫がいる存在確率は、2/3（67％）になる。

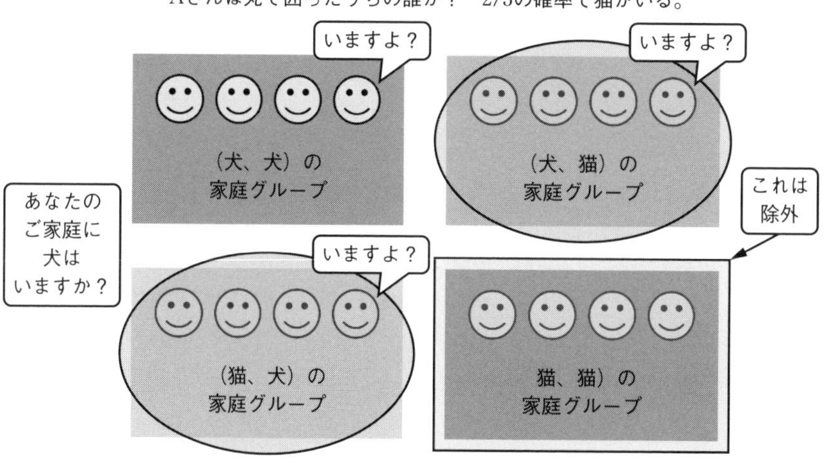

図1.2.6　検討結果

動物が犬か猫かの確率は 50 %でも、条件が加わると確率が変わる。これがベイズ推論の重要なポイントである。

ベイズ推論による確率的思考は「推理力」を高める方法になる。

ベイズ推論は、AI の分析手法と言うよりも、AI に情報を与える IoT（ビッグデータ）を集め、AI に正確に情報を伝達する手段だと考えればよい。

ただし、質問の仕方ひとつで、AI に与える情報の「確率」が変わることを注意しておこう。

なお、現在は、ベイズ最適化を活用した「データ同化」と呼ばれる手法が開発され、天気予報や台風の進路予測、あるいは、地球温暖化の予測などに活用されている。（概要は、「第 3 次 AI ブーム」のところで説明する。）

(5) ニューラルネットワーク

ニューラルネットワーク（Neural Network）とは、人間の脳内にある神経細胞（ニューロンと呼ばれる）とそのつながり（神経回路網）を、人工ニューロンという数式的なモデルで表現しようとしたものであり、1960 年代に提唱された。

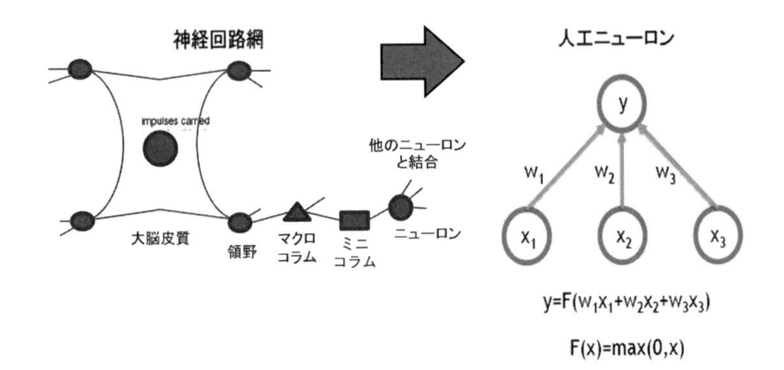

図 1.2.7　人工ニューロン

脳の知識を司るもっとも重要な器官は「大脳皮質」と言われている。

大脳皮質は、脳の表面にある厚さ 2 ミリ程度の薄い組織である。これは、「領野」と呼ばれる約50個の領域に分かれており、領野ごとに視覚、聴覚、運動制御、行動計画、言語理解など様々な機能が担当されている。大脳皮質の個々の領野は、直径500ミクロン程度の細長い「マクロコラム」と呼ばれる柱状機能単位の集合で、さらに１つの「マクロコラム」は、直径50ミクロン程度の「ミニコラム」と呼ばれる機能単位の集合になる。ミニコラムの中には100個ほどのニューロン（神経細胞）が回路を作っている。個々のニューロンは、他のニューロンからの入力を受け取り、出力値を計算して、他のニューロンに送る。そのニューロンどうしが神経回路網を模した“つながり”で結合し、巨大な神経回路をつくり、その中を情報が流れることで様々な脳の機能が実現される。

この仕組みを、機械で人工的に模倣したものが「ニューラルネットワーク」になる。

以上、第１次ブームにさまざまな統計学を基本とした手法が登場し、知的な活動を行えるようになったように見えるが、

・基礎となるパソコンの性能が低くて計算時間がかかること。
・簡単なルール・分類と正解（ゴール）が厳密に決まっているもののみ解くことしかできず、ちょっと複雑な問題になると計算が発散し、解けない。あるいは「推論」の結果と実際が異なることが多々ある。

などの問題から、実用化には至らなかった。

1.2.2 第2次ブーム（1980年～2000年）

1970 年代は、AI にとって完全に「冬の時代」だった。しかしながら、1980 年代に入ると、用途別の「エキスパート」と呼ばれる AI システムが作成されるとともに、下記の理由もあり、AI の研究の必要性が再度見直された。

- コンピュータの性能が上がり始め、家庭にコンピュータが普及したこと。
- 現在の AI の基礎となる、各種統計手法の機能アップと、ニューラルネットワークの拡張版である「ディープラーニング」の概念（本格的な開発は第 3 ブームであるが）、そして、これらを活用するための「機械学習」の概念が確立したこと。

ここでは、「機械学習」および、機械学習でよく活用される「ディープラーニング」について説明する。

(1) 機械学習

機械学習には、「教師あり機械学習」「教師なし機械学習」「強化型機械学習」の 3 つがある。**図 1.2.8、9** の設計を例に、それぞれの定義と特徴を説明する。

①教師あり機械学習

教師あり機械学習は、結果や正解にあたる「教師データ」が与えられるタイプの機械学習である。

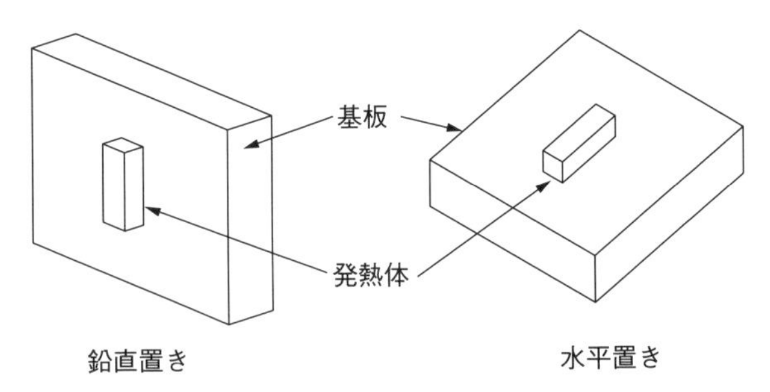

基板：100×100×2[mm³]、A2017アルミ基板(アルマイト処理あり、なし)
発熱体：8×20×5[mm³]、発熱量　10［W］

図 1.2.8　機械学習用サンプルモデル（概要）

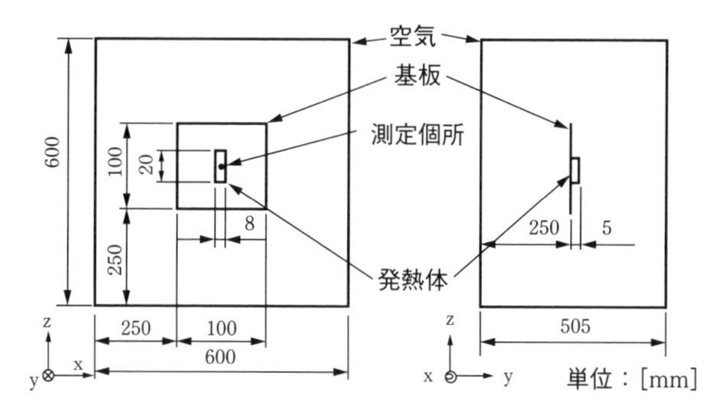

基板を取り囲む箱（600mm×600mm×505mm）のフリーエアーボックス

図 1.2.9　機械学習用サンプルモデル（詳細）

例えば、図 1.2.8、9 の設計条件と「次の 3 パターン計測結果を与えるので、その中で、一番、発熱部の温度が低くなる条件を探せ」という問題だとする。

(a) 基板水平置き　アルミ基板のアルマイト処理なし

(b) 基板水平置き　アルミ基板のアルマイト処理あり

(c) 基板縦置き　アルミ基板のアルマイト処理なし

※アルマイト処理：アルミニウムの表面に電解処理して人工的にアルミニウムの酸化被膜を生成させる表面処理のこと。

結果は**図 1.2.10、表 1.2.1** の通りである。

ここで教師（熟練設計者、または、CAE 解析技術者）は AI に、「発熱箇所の温度を下げるために、一番効果があるのはアルマイト処理。次に効果があるのは基板を縦に置くこと。」と学習させる。

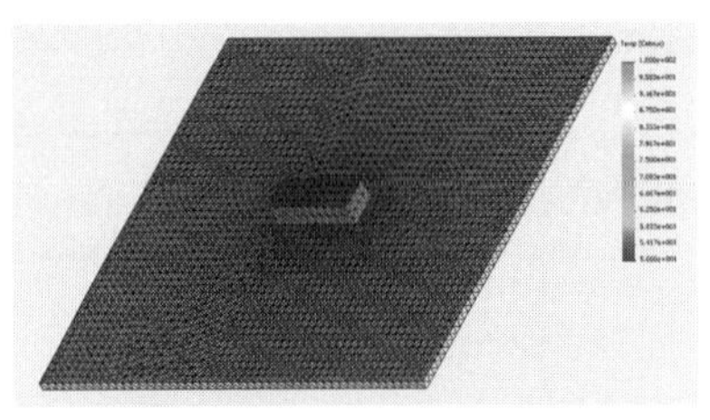
(a) 水平置き　アルマイトなし

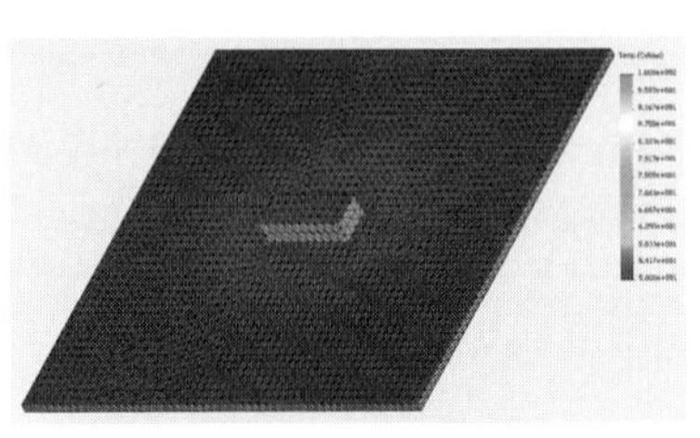
(b) 水平置き　アルマイトあり

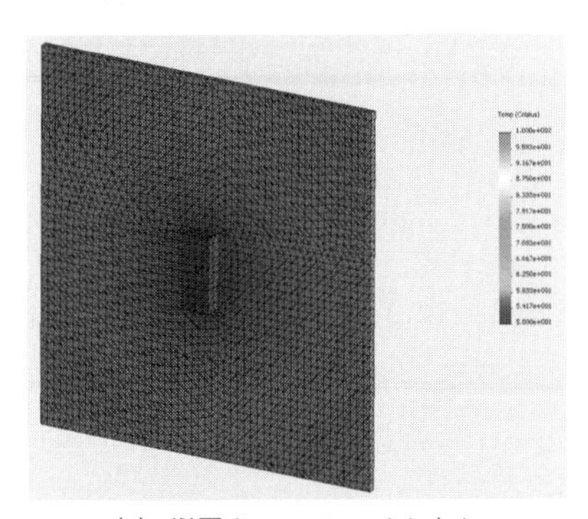
(c) 縦置き　アルマイトなし

図 1.2.10　計測結果（温度分布図）

表 1.2.1　計測結果（発熱箇所）

(a) 水平置き アルマイト処理なし	(b) 水平置き アルマイト処理あり	(c) 縦置き アルマイト処理なし
97 [℃]	70 [℃]	90 [℃]

②教師なし機械学習

教師なし機械学習は、値そのものに正解・不正解の判断は行わず、「形状、色合い、各箇所の値」などのさまざまな特徴を機械自身がとらえ、データや画像のグループ分けや情報の要約を行う。

例えば、**図 1.2.10** をAIが見た時には、下記のように判断するものと考える。

・「基板の置かれ方（形状）を重点に着目した時には、(a)と(b)が同じ形状なので、(a)と(b)を同じグループとする。

・「基板の温度分布（色合い）」に着目した時には、(a)と(c)の発熱部の温度、および温度分布が近いので、(a)と(c)を同じグループとする。

③強化型機械学習

強化型機械学習は、機械そのものが試行錯誤を繰り返しながらヒトから与えられた目的を満たし、高い評価が得られる解を選択できるように学習する。

例えば、「図 1.2.8、9 の設計仕様を守り、発熱部の温度が 70 ℃未満になる設計案を導出しろ」という目的を与えた時、AI はどのように学習するだろうか？

「教師あり機械学習」の時と同じように、AI は、(a)、(b)、(c)の順番で検討する。そして、「温度は下がったが、まだ 70 ℃なので、命令の 70 ℃未満にはなっていないと理解した AI は、新たに効果がある因子がないか自己学習していく。(例えば、「アルマイト処理をして、基板を縦置きにしたらどうか？　など」)

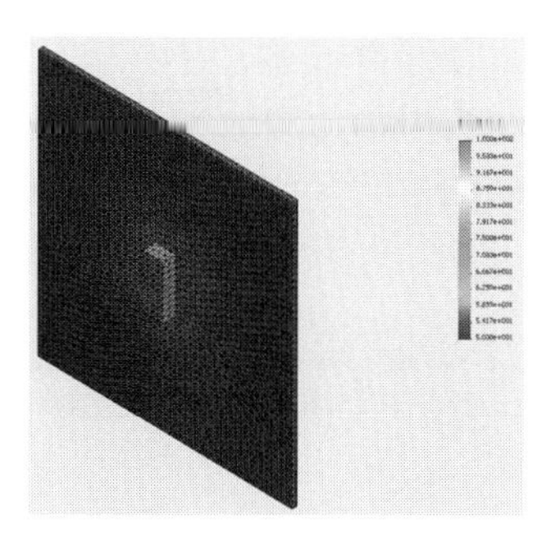

図 1.2.11　縦置き　アルマイトあり　温度分布

表 1.2.2　図 1.2.11 の結果も加えた計測結果。

水平置き アルマイト処理なし	水平置き アルマイト処理あり	縦置き アルマイト処理なし	縦置き アルマイト処理あり
97 [℃]	70 [℃]	90 [℃]	68 [℃]

その結果、**図 1.2.11**、**表 1.2.2** のような「発熱部 70 ℃未満」を達成する解を得ることができる。

今回は簡単な例で各学習法を説明したが、製造業における製品の設計（特に新製品）や生産技術開発（特に新工法検討）では、今後、ヒトが与えた入力情報に対し、AI が自己学習していくことで、ヒトも思いつかないようなアイデアが出てくるのではないか？　という期待もあり、「強化型機械学習」に注目が集まっている。

それでは次に、第3次ブームの「機械学習」を行う際に良く使用されるようになった「ディープラーニング」の概念について説明する。

(2) ディープラーニング

ニューラルネットワークで課題にしていた「探索力」について、ディープラーニングは、

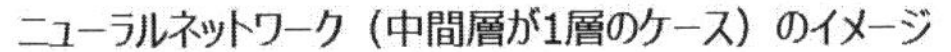

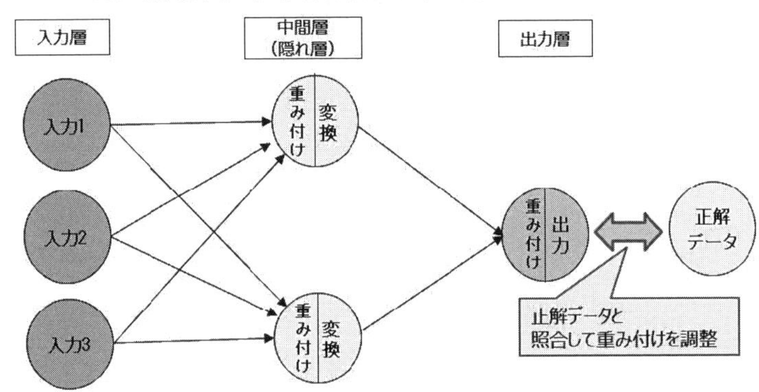

(a) ニューラルネットワーク

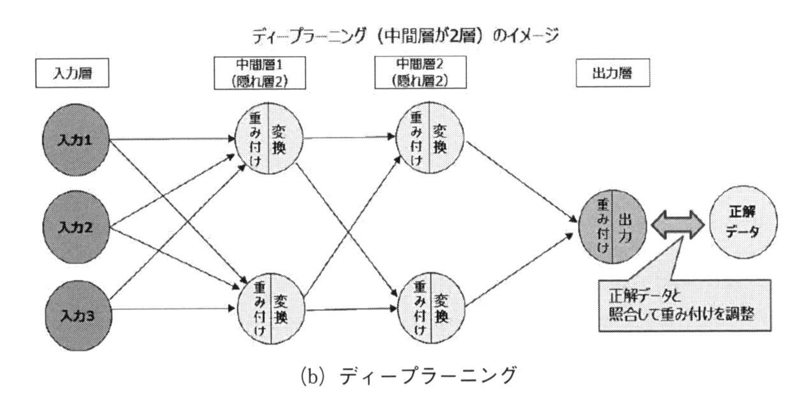

(b) ディープラーニング

図 1.2.12　ニューラルネットワークとディープラーニングの違い
（出典：総務省　ICT スキル総合習得教材　3-5：人工知能と機械学習）

・特定のパターンを模した「中間層」（分類を示す１次、２次、３次・・・の関数）を複数設けられることになったこと。
・それぞれの「中間層」につけられる「重み付け関数（各関数の凹凸等の特徴)」を増やすことができるようになったこと。
・中間層・重み付け関数が、目標の出力にたどり着くために自動で学習できるような、調整用の関数（活性化関数）・正規化の係数等が設定できること。

でトータルとして、AI（機械学習）が考える「思考」を増やすことができるようになっている。これが、ディープラーニング（Deep Learning：深層学習）と言われる所以である。

例えば、**図 1.2.13** に例として、「TensorFlow Playground」というソフトを使った「ニューラルネットワーク」と「ディープラーニング」の「分類分け」の精度の差異を示す。

図 1.2.13 に示すように、ニューラルネットワークの場合には、簡単な分類問題でもミスがあり、なかなか実用化には至らなかったが、ディープラーニングの出現で、「機械学習」の精度と演算時間は格段に向上した。

これらの試みは、ある程度成功したが、機械学習の元になる重みづけ関数、活性化関数※、データの正規化手法等※の未熟さ、エキスパートと呼ばれる特化型 AI システムに入力するデータの精度などの問題から、再び、AI は冬の時代に入る。

※部は、AI の専門的な手法になるので、他の専門書を参考とされたい。

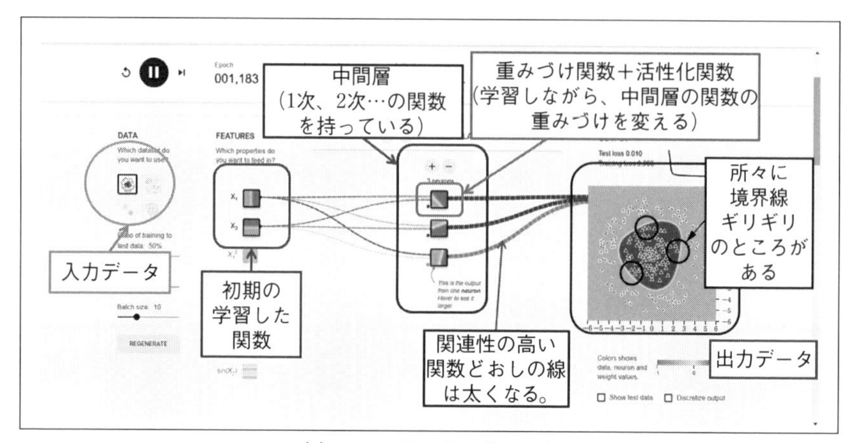

(a) ニューラルネットワーク

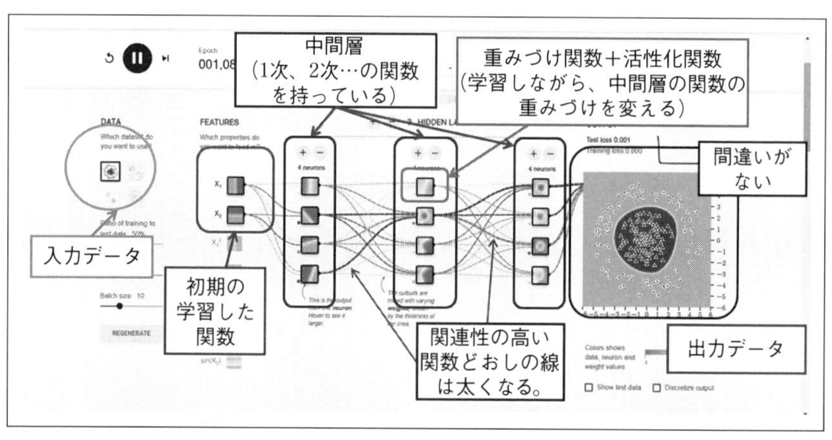

(b) ディープラーニング

図 1.2.13 ニューラルネットワークとディープラーニングの精度の違い
(出典:A Neural Network Playground http://playground.tensorflow.org/)

Column

バックプロパゲーション（誤差逆伝搬法）

機械学習では、その過程で推論と正解値が異なる場合がある。そのまま続けた場合、学習の精度があまり良くない状態となってしまうので、出力結果を元にニューラルネットワーク全体の修正をその都度を行っていく仕組みがある。その仕組みがバックプロパゲーション（誤差逆伝搬法）と呼ばれる方法である。

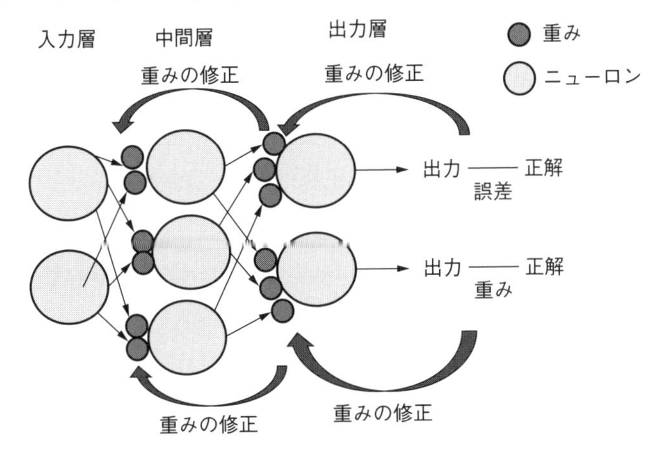

図 1.2.14　バックプロパゲーション
（出典：AI人口知能テクノロジー社コラム「いまさら聞けないバックアノテーションとは？（ホームページ記事より）」）

出力層からでた出力値が正解と異なっていた場合、バックプロパゲーションでは、出力値と正解の誤差を元に中間層間、および中間層と出力層の間の関数の重みづけの修正を行う。そして、この修正を入力層へさかのぼり、かつ、繰り返しながら、中間層の重みづけ関数＋活性化関数の修正を行っていく。

誤差を元に前の前へとさかのぼっていき修正を行うのがバックプロパゲーションである。そして、バックプロパゲーションを行う際に使用される手法として、「確率的最急勾配法」などがある。

バックプロパゲーション（誤差逆伝搬法）の詳細な説明は、確率統計学の話になるので、ここでは、ディープラーニング等で行われている処理との概念と、キーワードとして覚えておくとよい。関心があれば、確率統計論の専門書を見てほしい。

1.2.3 第3次ブーム（2010年以降）

基本的なAIの概念は第2ブームの時に確立された。第3次ブームは、

○ AIが活躍するための環境整備

・コンピュータのさらなる性能

第2次ブームの終わりから、GPGPU〔本来は画像処理用のGPU（Graphics Processing Unit〕の演算性能を、本来の画像処理以外の用途のために汎用的に利用する概念、技術）が活用され始めていた。

・センサ等の計測機器の技術の向上とコストダウンによる、AIが学習するための情報（画像、振動、音声などのデータ）の精度向上

○ディープラーニングの各種関数、正規化手法の改良による「探索力」向上

○（ディープラーニングとも関連するが）各種統計学手法の機能向上

例えば、「データ同化手法」と呼ばれる、実験、CAE精度のロバスト性を考慮した分析手法。（アンサンブル学習の1つと言える。）

等により、「はじめに」でも述べたように、AIは、さまざまな「市場動向調査」「設備保全」など、さまざまな「推論」→「探索」に活用されて始めている。

ここでは、後述（第3章）で事例のベースになるであろう「転移学習」や「ディープラーニングの拡張版である“畳み込みネットワーク”」、「時刻歴で実測とCAEの相関を取りながらCAE解析精度を向上する“データ同化”」について紹介する。

ただ、AI手法は日進月歩進化しており、すべてを本書籍では紹介しきれないので、他の手法についてはAIの専門書を参考とされたい。

（1） 転移学習

転移学習とは、クラスタリング等であらかじめ学習が済んだモデルに、新たに分類のタスク（特徴を表すデータ）を増やして追加学習する方法である（**図1.2.15**）。

図1.2.15に示す通り、過去の学習済みデータに追加データを加えるだけで新たな学習モデルが構築できので、効率的・かつ・従来以上に品質の良い「機械学習」を行うことができる。

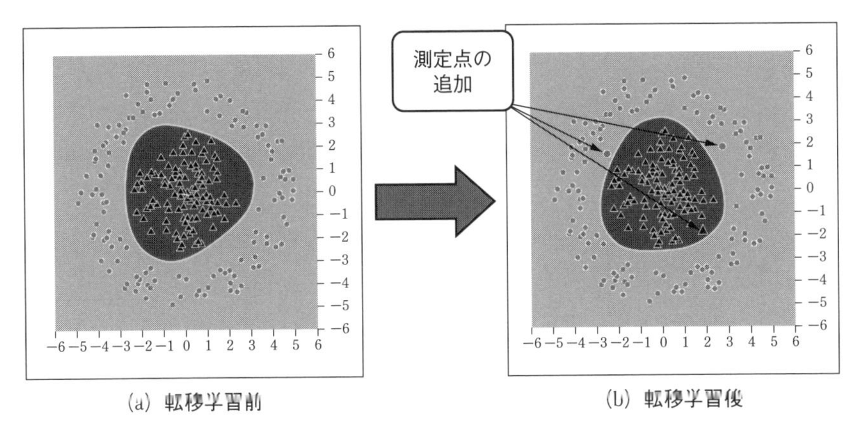

図1.2.15　転移学習例（Ex. クラスタリング）
（出典：A Neural Network Playground　http://playground.tensorflow.org/）

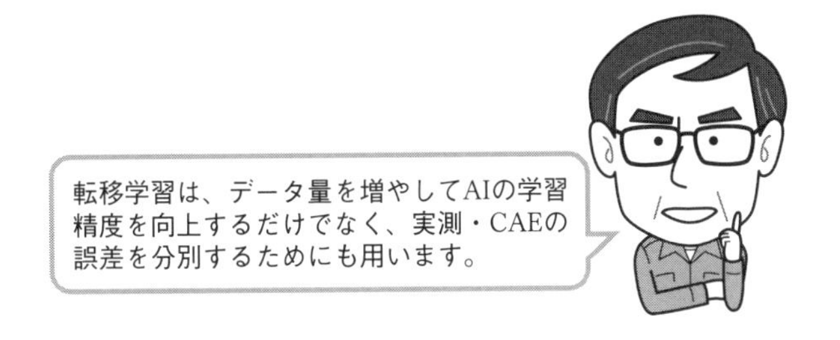

(2)　畳み込みニューラルネットワーク（Convolutional neural network：CNN）

畳み込みニューラルネットワークは、ディープラーニングの進化版として、近年、着目されている手法である。

ディープラーニングもそうであるが、下記の例のように、幅広く活用できる。

- 画像に含まれる物、場所等を検知し、ラベル付けをする。
- ヒトの音声をテキストに変換する。音や音声を合成する。

・画像が何かを学習し、言語で注釈をつける。
・自動車業界では、「自動運転技術」（道路、障害物を検知し、避ける。）
・音、テキストなどをイメージの画像に自動生成する。

「ディープラーニングでは、ニューラルネットワークでできなかった「特定のパターンを模した「中間層」を複数設けられることになったことと、それぞれの「中間層」につけられる「重み付け関数＋活性化関数」を増やすことでトータルとして、AI が考える「思考」を増やすことができるようになった」と述べた。しかしながら、通常のディープラーニングでは、上記に述べる通り検討項目が増え、適切な解を得るためには、ハードウェアの進化があったとしても、設計・生産技術開発時に実用的な時間で活用するのに、ハードウェアそのものの性能（処理能力）とコストの問題がある。畳み込みニューラルネットワークでは、ディープラーニングの欠点を補う下記の機能が付加されている。
・大規模な画像データの部分の特徴を集約しながら、最終的には少ない画像やデータ量で処理できる。
・良い結果（最適値）だけでなく、悪い結果（最悪値）も含めて、特徴量と「その画像・データ等が何であるかなど？」の結果の相関を取ることが可能。

イメージ図を**図 1.2.16** に示す。

図 1.2.16 では、「あ」という文字の画像を題材に、畳み込み層（Convolution Layer）で画像にフィルタ（その層の特徴的な画像など）を抽出し、プーリング層（Pooling layer）で、畳み込み層で集約された画像の最大の特徴量（値）を抽出し

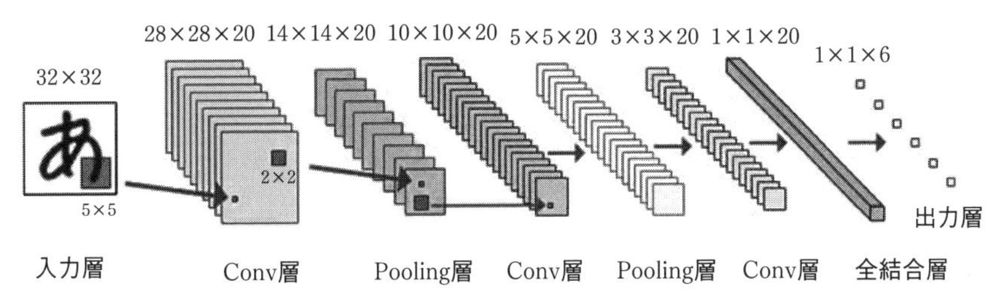

図 1.2.16　畳み込みニューラルネットワーク
（出典：株式会社 Spot.INC 社（https://spot-corp.com/）が運営している「Deep Age」の URL より https://deepage.net/deep_learning/2016/11/07/convolutional_neural_network.html）

ている。それを何回か繰り返す中で、最後に画像等の特徴を全結合してこれは「あ」という文字だなと判別している。

詳細に理解しようと思えば、「画像・データ等の読み取り」と「フィルタをどのようにかけているか？」「Pooling 層でのデータ抽出法」など、詳細知識が必要になるので、ここでは概念だけを述べるにとどめる。（詳細は、AI の専門書を参考とされたい。）

（3）　データ同化

データ同化とは、観測と CAE モデルを組み合わせて、実際の状態を推定していく方法である。統計的推定論の一つと考えられる。

まず、「データ同化」の技術が発展したのは、地球の時刻歴変化に対応した温度上昇等を予測する「地球シミュレータ」「数値天気予報」である。現在は、気象予測などだけでなく、加工過程での製品成形・加工量予測・故障予測などにも応用されてきている。

以上で、「設計・生産技術開発に活用できるであろう」AI の基礎知識についての解説を終了する。

ただし、いくら「機械学習」だからといって、万能ではない。

今まで述べた各種機械学習をうまく使いこなすためには、その前提となる「設計の仕様」を明確にし、「到底無理な目標値の設定の回避」をしなければ、

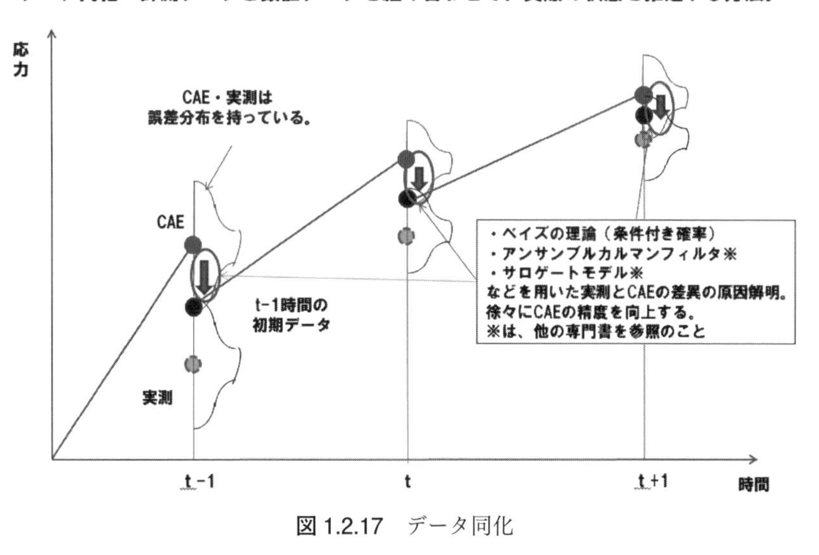

図 1.2.17　データ同化

「求める解が見つからない、あるいは、過剰に精度を求めてしまい解が収束せず、学習が終わらない（これを「過学習の罠」と言う）。」などのエラーが起きる。

学習をさせる際は、AI の検討状況（教師あり学習であれば、実測（教師データ）と AI の計算誤差）をモニタリングし、要所毎に計算の収束状況をチェックして、「機械学習」を使用しなければならないことに注意しなければならない。

学習をさせる際は、「機械学習」の検討状況をモニタリングしながら、要所毎に計算の収束状況をチェックするなどして、「機械学習」をベースとする AI を使用することを注意しておこう。

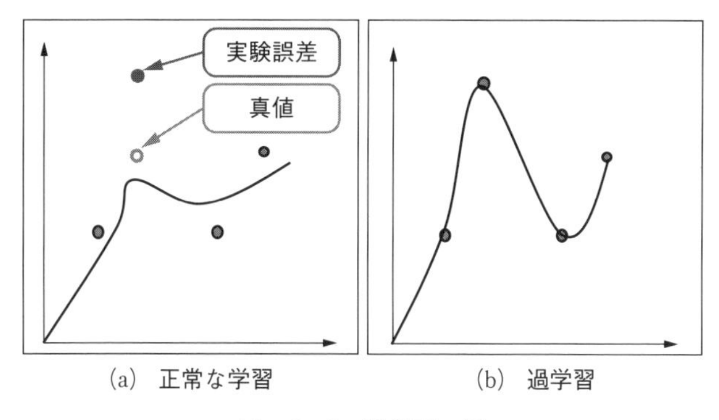

図 1.2.18　過学習の罠

それでは次に、これらを使って、どのように「設計・生産技術開発」で AI と CAE を融合した「実用化設計」が行えるかの事例案・事例を紹介する。

第2章

実用化事例案

「AI と CAE を用いた実用化設計」とは、どのようなイメージなのだろうか？

ここではまず、私たちが考える「製品開発における AI と CAE の活用に関する課題」と、「商品開発の中で、AI×CAE をどのように使うか、そのためには何をどのように検討しておくべきか」を、ひとつの事例案を紹介しながら述べる。

2.1　現状の製品開発における課題整理と実用化開発の狙い

2.1.1　製品開発における、AIとCAEを融合させることの魅力

世の中では、**図 2.1.1** に示す通り、「設計の上流で、製品の Q（品質）、C（コスト）、D（開発期間短縮、および製品・製造コスト削減）、E（耐環境性）、S（安全性）、F（官能評価、使いやすさ）を満たすために、「フロントローディング開発」が提唱され、その手段として CAE が有効とされてきた。

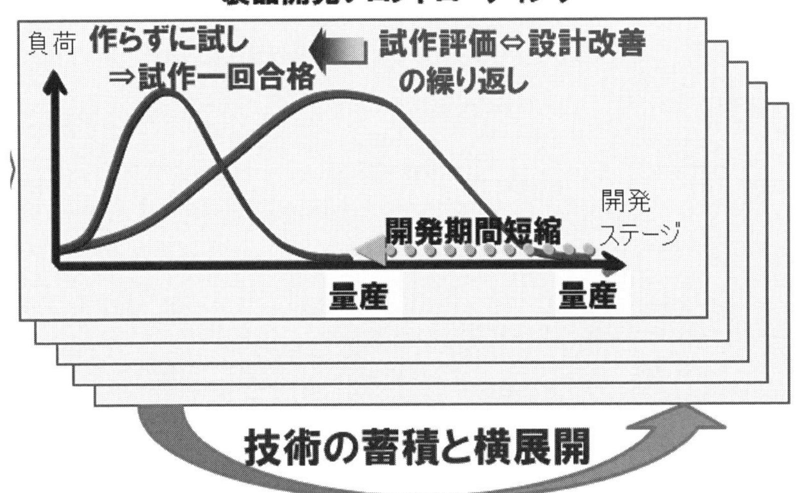

図 2.1.1　製品開発フロントローディングのイメージ

設計者・生産技術開発者として、顧客から求められている製品の仕様を知ることはもちろんであるが、その他に、CAE を設計の上流で活用するためには、**図 2.1.2** で示すようなことを理解しなければならない。

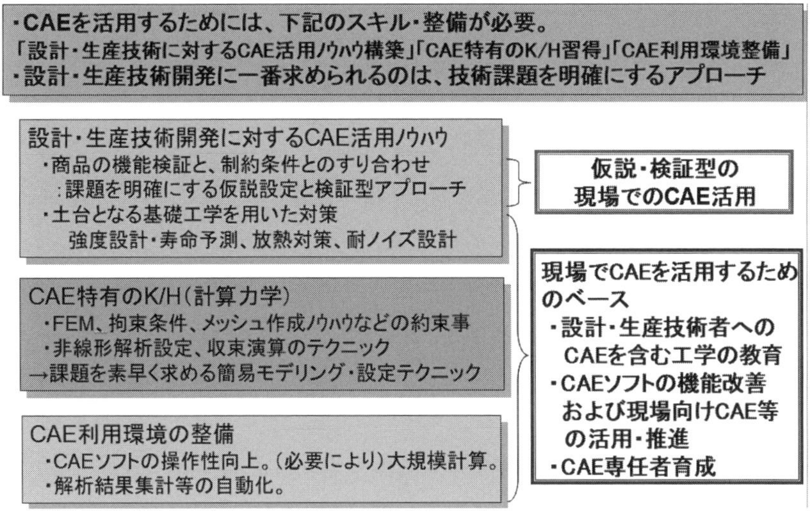

・CAEを活用するためには、下記のスキル・整備が必要。
「設計・生産技術に対するCAE活用ノウハウ構築」「CAE特有のK/H習得」「CAE利用環境整備」
・設計・生産技術開発に一番求められるのは、技術課題を明確にするアプローチ

設計・生産技術開発に対するCAE活用ノウハウ
・商品の機能検証と、制約条件とのすり合わせ
：課題を明確にする仮説設定と検証型アプローチ
・土台となる基礎工学を用いた対策
強度設計・寿命予測、放熱対策、耐ノイズ設計

CAE特有のK/H（計算力学）
・FEM、拘束条件、メッシュ作成ノウハウなどの約束事
・非線形解析設定、収束演算のテクニック
→課題を素早く求める簡易モデリング・設定テクニック

CAE利用環境の整備
・CAEソフトの操作性向上。（必要により）大規模計算。
・解析結果集計等の自動化。

仮説・検証型の
現場でのCAE活用

現場でCAEを活用するため
のベース
・設計・生産技術者への
CAEを含む工学の教育
・CAEソフトの機能改善
および現場向けCAE等
の活用・推進
・CAE専任者育成

図 2.1.2　CAE を活用する上で必要なノウハウ

図 2.1.2 に示す通り、設計・生産技術開発者に一番求められるのは、CAE の活用を問わず、

① 今まで培ってきた製品設計ノウハウとそのベースとなる工学知識をもって製品開発における技術課題を明確にし、それを解決することである。

　また、それを CAE にどのように設定し、評価するかというノウハウも必要である。

② CAE 特有の K/H（ノウハウ）：

　設計者・生産技術者が、『計算力学』そのものすべてを理解するのは困難であるため、各自が設計・生産技術開発を行うために必要な、図 2.1.2 にあげるような CAE を活用する上での最低限のノウハウの習得。

③ CAE 利用環境の整備（ハードウェア、ソフトウェア等のインフラ整備）

②、③については、社内の CAE 専任者、または CAE ソフトメーカーと協創することも必要である。

それでは、AIはどこで活用すると有効であろうか？

我々が最初にAIに関心をもったきっかけは、「強化型機械学習」を組み込んだ“アルファ碁”（現在は、その進化版の“アルファ碁ゼロ”）である。

アルファ碁に、「コマを動かすルール」と「勝ちパターン」を事前に教えておくことで、機械が自己学習し、**「ヒト」を超える最適な「打ち手」を考えることができる**ようになった。

これを、製品開発や生産技術開発に置き換えると、ヒトが機械に「顧客が要求する製品仕様」と「世間動向と今後の技術の進化予測（最先端の設計手法、最先端の材料、加工法、加工条件）」、および、目標値（製品の機能、および品質指標やコストなど）を入力しておけば、機械が、経験にとらわれない自由な知恵と独自の判断で、製品イメージにつながるようなレシピ（設計法、材料、加工法・条件）を構想設計段階で提案してくれ、それを見た「ヒト」が**今まで思いつかなかった、新たな「ものづくり」を発想し、そのレシピを元に詳細設計を行えるようになるのではないか？**　という期待である。（ヒトの今までの常識を覆した新たなものづくりを発想し、改めてヒトの発想力を高めてくれるのではないかという期待もある。）

「はじめ」において述べた下記の3項目ができれば、従来のものづくりから脱却し、「ヒト」が思いつかない新たな「ものづくり（製品・加工法）」ができる可能性がある。

① ヒトが顧客の要求の中から製品仕様を決める。

② 上記で決定した製品仕様について、過去の論文・特許・様々な技術情報（最新の設計手法、材料・加工法・加工条件（マスターデータ））の中から、AI

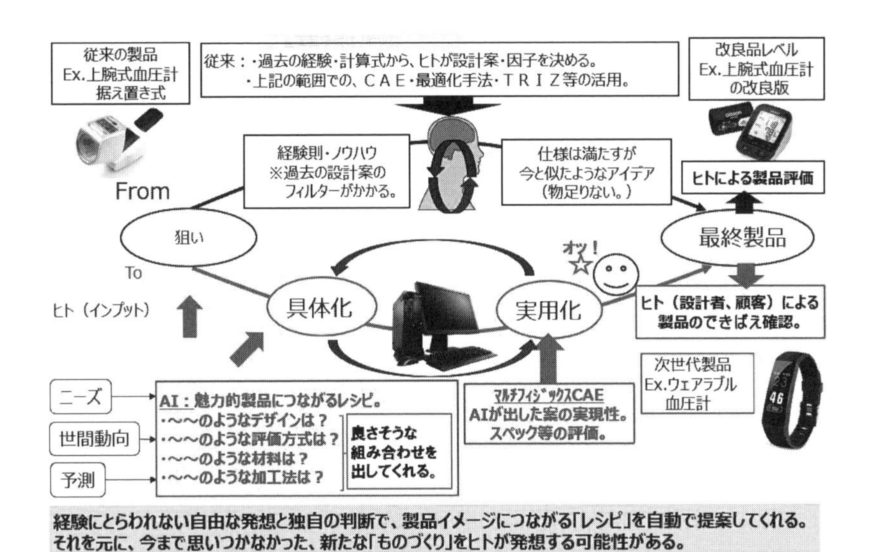

図 2.1.3　「ヒト」と「AI×CAE」が融合した新たなものづくり

が実用的と思われる設計案につながる「レシピ」のようなものを出して、「ヒト」にヒントを与えてくれる。場合によっては、「設計仕様」決定の際のヒントも与えてくれる。

③　②のレシピ（ヒント）を元に、設計者・生産技術者がCAEなどを用いて、論理的・工学的な詳細設計を行う。

しかしながら、**図 2.1.3** を実現するためには、例えば、

・世間にある形状、最先端の材料、加工法、加工条件などの情報の準備

・CAEと実機とを一致させるための手法。

が必要となるため、図 2.1.3 を構築するための技術・データの洗い出しと構築と計画・マイルストンの設定が必要と考える。

これは、各企業により、構築すべき技術内容や計画が異なるものと考えられるため、本著では、標準的と考えられるものを考え、

第２章　第２項：現在、計画・実施中の事例の紹介

第３章　既に実施されているAIとCAEを融合した具体的な実用化事例の紹

介を行うこととする。

まず、第２章の第２項では、計画されている事例として、桁違いのパラメータを考慮した設計を紹介する。

2.2　事例案
基板実装時のAI×CAEの活用

電機製品　基板設計の部品配置、配線パターン、実装条件の向上

電化製品には、必ずと言ってよいほど、電力や電気の流れ（電気のON/OFFなど）を制御するためのIC、抵抗、コンデンサ、リレー、スイッチ、コネクタなどが搭載されている電子基板がある（図2.2.1）

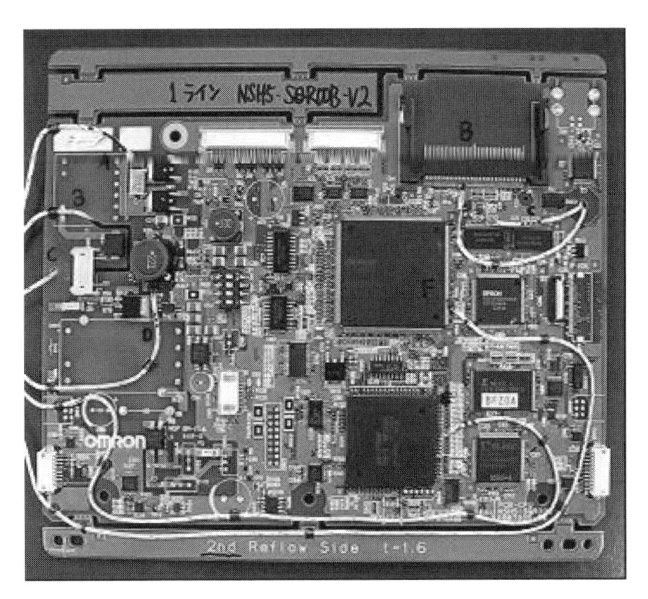

図2.2.1　電子基板（例）

基板上に部品を実装する方法の１つとして、リフロー実装がある。

リフロー実装では、配線パターンを印刷した基板に、クリーム状にしたはんだ〔はんだの粒をフラックス（ヤニ：はんだ付け促進剤）でくるんだもの〕をメタルマスク（付着させたくない場所を保護する道具）とスキージと呼ばれるはけで基板に塗り、その上に部品を自動機等で搭載した上、リフロー炉（部品の乗った

基板を徐々に温めていく炉）で熱風を数段階に分けて温め（これをリフロープロファイルという）、ペースト状のはんだを溶かしていく。

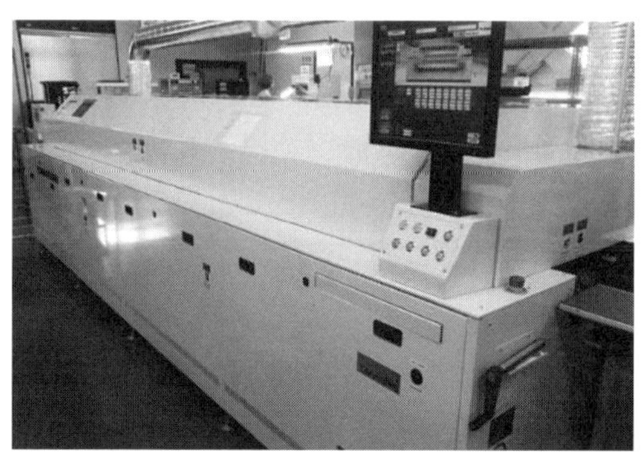

(a) リフローはんだ装置（例）

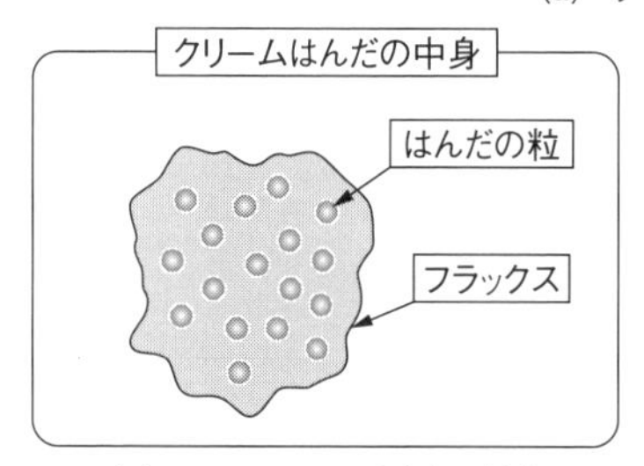

(b) フローはんだ内部（例）

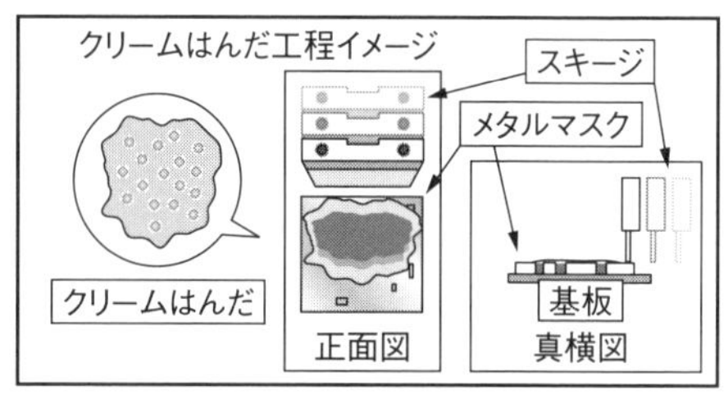

(c) はんだ塗布工程（例）

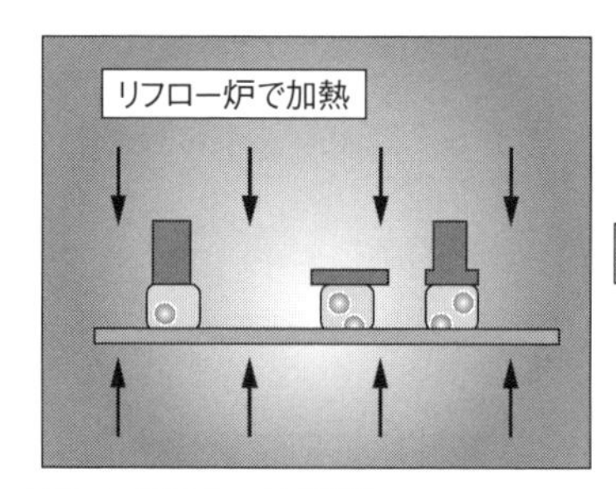

リフロー炉に入った直後は、
クリームはんだは粒のままでチップ部品も
その上に乗っているだけで接着されていない。

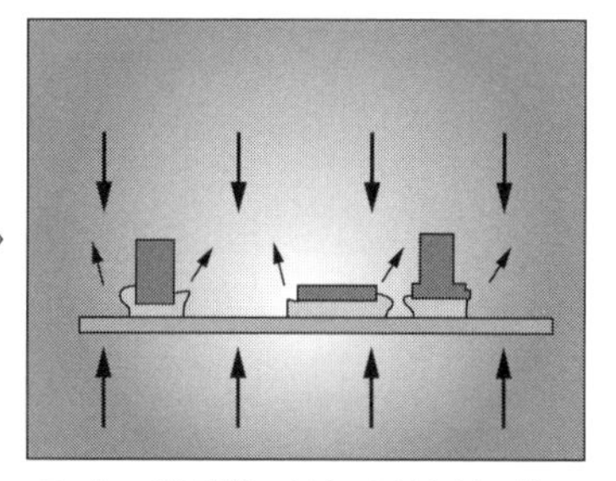

フラックスが気化し、クリームはんだの粒は
溶けてつながり接合される。部品も液状と
なったはんだに"沈み込み"はんだと接合される。

(d) リフローはんだ工程（例）

図 2.2.2　フローはんだ実装（例）

今回、AI×CAEを用いて改善を図ろうと試みているのは、**図2.2.2**のリフロー工程である。現在は、リフロー炉の熱風による熱ではんだが熔け、かつ、基板が反ることで、熱衝撃および基板のそりで電子部品・はんだ接合部が破壊しないように、熟練者がリフロー炉内の熱風の温度の制御（リフロープロファイルの作成）を行っている。

しかしながら、現場では、下記のような問題が起こっている。

- リフロープロファイル作成が、基板設計の後（試作基板を製造した後）になっており、はんだ接合部や部品の温度を計測するために、図2.2.2のように、熱電対ではんだが溶融し、かつ、電子部品が熱で壊れないリフロープロファイルを作成している。（工程のみの調整でプロファイル作成が困難）
- しかし、上記で熱的に最適なリフロープロファイルを作成できたとしても、アンバランスな部品配置・配線パターンにより、基板が熱変形で反り、部品・はんだ接合部の破壊を起こす場合がある。

この課題を解決するためにも、**図2.2.3**のような手順を追った取り組みで目標を達成したいと考えている。

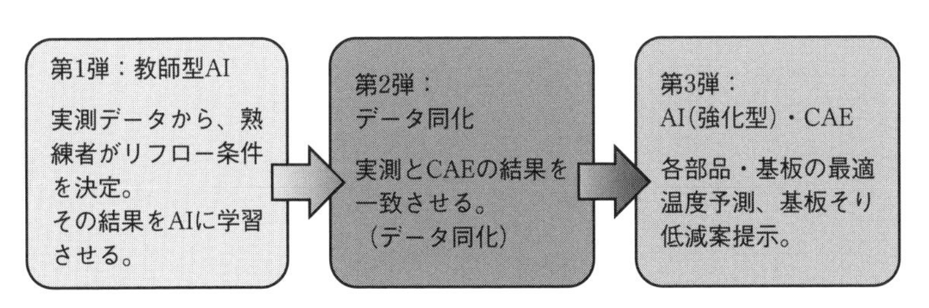

図2.2.3　AIとCAEによる検討手順

2.2.1　STEP1　AIとビッグデータを用いた「教師あり機械学習」

まず、過去の経験や特性要因図等の事前分析から、熱やそりによる部品、はんだ接合部の破壊が起こりうる箇所に熱電対を貼り、「端子部がはんだ溶融温度（T_a℃程度）以上、かつ、各部品の耐熱温度 T_0℃、耐熱時間が t_0 秒間（これは、部品毎に仕様が異なる）」以下になる条件を、熟練者が温度・時間計測しながら、実用的なリフロープロファイルを作成していく。

基板のそりによる、部品および部品のはんだ接合部の破壊を考慮したリフロープロファイルも同様である。

2.2.2　STEP2　IoTのデータを実測からCAEに切り替えるためのCAE解析精度向上

STEP1では、製品ができあがってから、リフロープロファイルを考えていた。しかしながら、これでは、生産工程のみでのリフロープロファイルの最適化に留まる。

できるだけフロントローディング（概念・詳細設計段階）で、リフロー工程での課題を解決するために、ものを作る前にCAEで事前検討することが有効と考える。ただし、CAEの活用にも以下の課題がある。

① すべての部品、基板を、実物と同様に忠実にモデリングすると、CAEの計算時間が膨大になり、かえって、検討時間（開発期間）が長くなる。

② とはいえ、CAE のモデルを、実用的に簡易化すると、実測との差異が発生し、CAE が出した解析結果そのものの信頼性に不安がある。

③ CAE では、すべての自然現象を論理化できているわけではない。例えば、基板材料と配線パターン、部品と表面の空気間の接触熱抵抗などは、厳密にわかっているわけではない。

④ CAE では、解析を行うモデルを理想的に作成することができるが、実物は、組み立て性や、環境条件（湿度など）でできばえにバラツキ（ロバスト性）を持っているため、計測結果そのものもバラツキを持っている。これを考慮した「安全側」の解析設定を行わなければならない。

上記の課題を解決するために、STEP2 の中で、以下の手順で進めていきたいと思っている。

⑴ CAE 解析モデルを簡略化し、1 部品、2 部品の基礎モデルで、品質工学と CAE を活用して、簡略化した部品にどのような材料定数、周辺条件を設定すればよいかを検討する。（図 2.2.4、5）

⑵ 部品点数が増えるとともに、影響する因子が増えるので、これについてはデータ同化手法（アンサンブル学習）を用いる。

※　⑵については、まだ、検討中のため、本書では⑴のみ、結果を紹介する。

図 2.2.4 では、鉄心・コイル・樹脂等で構成されているトランス部品を、簡略化するために、使用されている材料定数の範囲内で、どの材料定数が実測と CAE の差異に影響を及ぼしているかを品質工学と CAE で分析し、簡略化した CAE モデルの材料定数を同定。計測箇所において、実測と CAE の温度が一致しているかを見ている。そり量についても同様である。

図 2.2.5 ではトランス 2 部品を並べているが、2 部品の計測箇所を同時に実測と CAE で一致させるためには、1 部品で考慮した因子に加え、「部品間距離」、「配線パターン」などが影響を及ぼしてくる。

しかし、2 部品までは品質工学と CAE で、実測と CAE の結果を一致させる

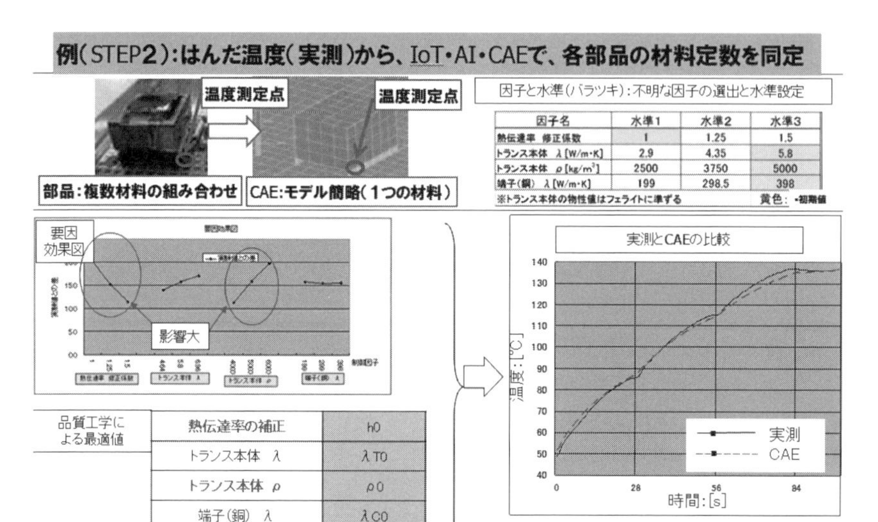

図 2.2.4 トランスの CAE 解析結果（温度）を合わせるための部品材料同定

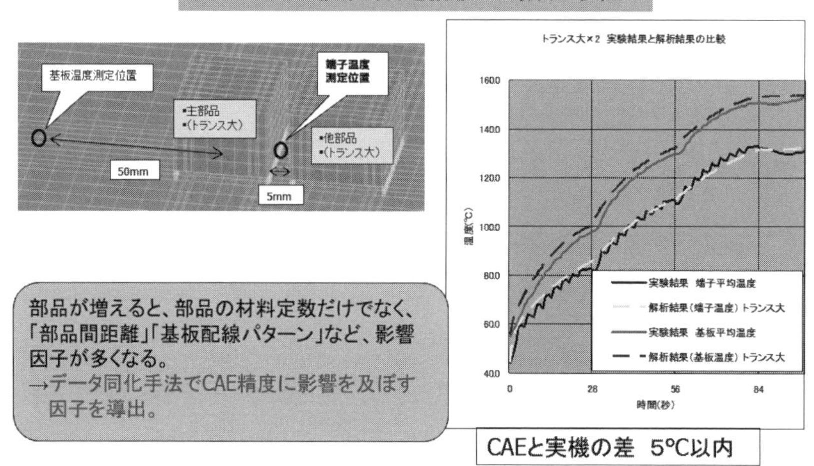

図 2.2.5 CAE 解析結果（温度）を合わせるための部品材料同定（複数部品）

ことは可能であるが、部品が増えると品質工学とCAEで、ヒトが因子を想定して合わせるのは不可能になってくる。そこで、データ同化手法を用いて、検討すべき因子が増えても、実測とCAEの値が一致するようにしたいと考えている。

2.2.3　STEP3　STEP1とSTEP2を用いた実用化設計（「強化型機械学習」AI×CAE）

STEP1、STEP2が完成すれば、STEP3は、STEP1、2の活用法の応用だと考えている。

① STEP2で述べたような「強化型機械学習」用のAI手法を構築する。そうすれば精度のよいCAE解析を用い、フロントローディングで、各部品およびはんだ接合部の温度、および基板そり量が可能になる。

② ①の結果を用いて、「強化型機械学習」AIに実用的に制御できる「リフロープロファイル」を分析させることができれば、フロントローディングで、各部品およびはんだ接合部の温度予測、および基板のそりが予測でき、また、転移学習と組み合わせることで、類似基板における「リフロープロファイル」の温度、基板そり量のCAEによる予測精度向上が進むものと考える。
（今まで、カンと経験・一品一様で行っていたリフロープロファイルの作成において、計算精度の良いCAE解析を用いて、部品・はんだ温度、基板そり分布とリフロープロファイルとの因果関係が論理的に明確になれば、フロントローディングで実用的な基板設計とリフロープロファイルの作成が行えるようになるものと思われる。）

以上、STEP3の手順をまとめると、**図2.2.6**になる。

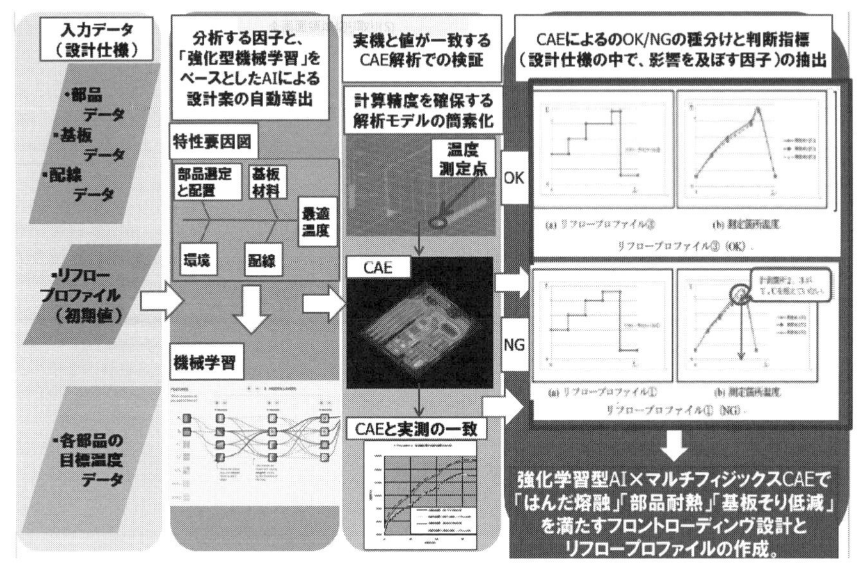

図 2.2.6　STEP3　取り組みまとめ

2.2.4　今後の展開　これからの実用化設計・自動設計を目指して

今回は、「はんだが熔融し、かつ、基板上の部品が耐熱に耐え、基板を反りにくくするための「リフロープロファイル」の取り組みについて紹介した。

しかしながら、実際の設計では、加工の影響だけでなく、

・製品使用時の部品、はんだ接合部の温度、破壊

（加工の影響を考慮した、製品使用時のはんだ接合部の強度の保障）

・「基板実装はできるが、電磁場ノイズで製品が誤動作しないような設計を行わなければならないこと」

（製品の機能と制約条件を考慮した設計を行うこと）

など、総合的な実用化設計が必要となる。

加工の影響を考慮した製品設計の例として、**図 2.2.7** に、「近接センサ」の例を示す。

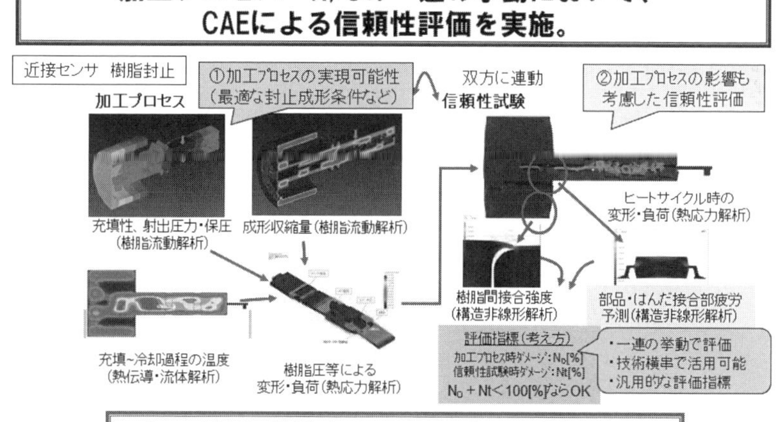

図 2.2.7　加工の影響を考慮した設計

近接センサは、工場などで活用されており、機能としては「金属物体を検知し、カウントすること」、制約条件としては「工場等で使用されるため、耐油性、耐水性に強いこと」があげられる。そのため、近接センサの基板は、耐油・耐水性の強い樹脂で密閉されている。

近接センサ加工時は、金属をセンシングするコイルや基板のまわりに温度の高い樹脂が流し込まれ、その樹脂が収縮するために、樹脂成型時の圧力、温度、収縮にコイル・基板・部品・基板と部品のはんだ接合部が耐熱性を持ち、かつ、破壊しないことを要求される。

その上で、使用時は高温環境、低温環境、高湿度環境等で使用されることが想定されるため、製品仕様を想定したヒートサイクル試験で、封止樹脂と各部品間の接合性（密閉性）を確保すること、および、部品・はんだが壊れないことが求められる。

また、製品使用時には、センサ先端は電磁場を発生させるために、その電磁場が基板に搭載されている部品に悪影響を及ぼさない（誤動作を起こさない）設計が求められる。

究極的には、「基板実装の実用化設計」だけでなく、その他の加工・製品使用時を考慮した、「製品の実用化設計」を行わなければならない。（図 2.2.8）

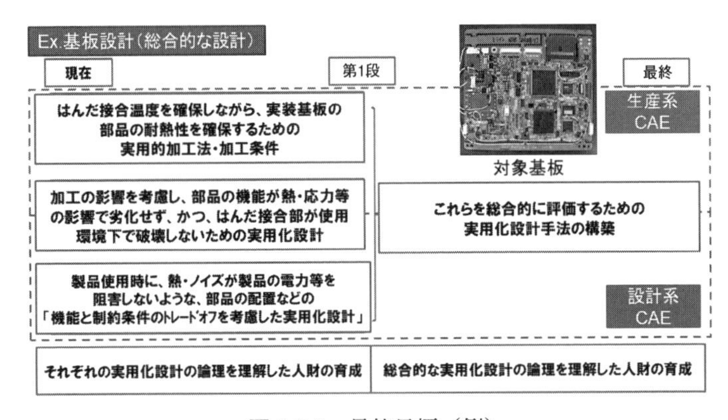

図 2.2.8　最終目標（例）

上記を達成するために私が考える「これからの CAE」は、

- 加工の影響を考慮した設計、性能と制約条件のトレードオフを見極めるための CAE 連成解析。
- 上記の CAE 解析精度の向上（実機との一致）

この 2 つを組み合わせるためには、AI と CAE を融合させた取り組みが必要になってくるものと考える。

今後の取り組みの計画はこれから作成するが、将来的には、上記のアプローチも「強化型機械学習」を用いたAI×CAEを活用し、設計上流での、加工の影響も考慮したフロントローディングでの実用的な設計ができるものと考えている。

第3章

製品開発 CAE のための統計数理・機械学習の分類と応用

第 2 章では、「実用化設計」における、AI×CAE の活用イメージを示した。

第 3 章では、より具体的な例を示し、実際に AI×CAE を用いて、どのような実用化設計を行うのかを説明していく。なお、「AI を設計に活用した事例」は少なく、かつ、学術レベルのものが多いため、第 1 章では説明不足の AI や統計数理の専門用語もあるが、その部分は都度「補足メモ」として、用語説明だけを補足する。詳細は、他の AI の専門書を一読いただきたい。また、本章ではサンプルプログラムを提示し、「実用化設計」に必要な AI×CAE 技術について、3 つの事例を紹介するので、サンプルプログラムも参考にしていただきたい。

3.0 製品開発CAEのためのAIの分類

ここでは製品開発CAEのためのAIとして、第1章で述べた「機械学習」に加えて「統計数理手法」も含めて**図3.0.1**にまとめる。

教師あり学習
Supervised Learning
- クラス分類
  画像認識
  手書き文字認識
  Logistic Regression
  SVM, Decision Tree
  CNN, RNN
- 回帰
  時系列回帰、予測
  応答局面回帰
  DNN, LightGBM
  Surrogate Model
- ベイズ推論、最適化

教師なし学習
Unsupervised Learning
- クラスタリング
  タイプ別グルーピング
  カゴリー分類
  k-means
- 異常値検知
  Autoencoder
  One-Class SVM
  Isolation Forest
- 次元圧縮
  Autonecoder
  t-SNE, SOM
  Projection Based MOR
  PCA, SVD, POD

強化学習
Reinforcement Learning
- 機器の制御
  ロボットの歩行制御
  空調制御最適化
  Q-Leaming
  Deep Q Network
- ゲーム戦略の構築
  将棋、囲碁等
  Q-Leaming
  Deep Q Network
- 探査
  設計空間探査

- 推論処置の組込
  学習済NNのローカル利用
- 近傍ドメイン学習
  学習済特徴抽出器の利用

転移学習
Transfer Learning

図3.0.1 CAEで活用するためのAI（統計数理・機械学習）の分類

製品設計時に用いられるCAEにおいて通常使われる数値解析手法は、各問題領域に関する支配方程式（構造解析、熱解析、電磁場解析などで物理法則から定義される基本方程式）から導かれる数理モデルを数値的（有限要素法などの手法）に解く演繹的手法である。しかしここで取り上げるAIは、入力と出力のデータに注目しその機能（入出力関数）を近似する数理モデルの諸パラメータを統計的に学習する帰納的手法と定義される。近年急速に発展してきた深層学習を含めた機械学習も、広義の統計数理手法と言える。統計数理の基本は変数を確率分布として扱うことであり、確率論的演算の基本はベイズ推論を用いる。

そこで、本稿ではCAEに有効に利用できると考えられるAIを広い意味で統計数理・機械学習を含めた手法として定義し、上図のように分類する。即ち、教師あり学習、教師なし学習、データ空間の探索や制御に用いる強化学習、学習済モデルの組み込みや他への流用を行う転移学習である。これらの分類の中で特に設計 CAE に効果的と考えられるのは、以下の 3 手法と考える。

① 設計最適化のための応答曲面構築に、教師あり学習の回帰モデルを用いて代理モデル（Surrogate Model）化する。

代理モデル：CAE による実解析を行うかわりに、ニューラルネットワーク（以後 NN と略す）を用いて現象を予測するモデル。

② 各設計点での多数の詳細数値演算（構造解析、流体解析、性能解析等）結果を次元圧縮（Model Order Reduction）し高速に詳細解析を再現する。

次元圧縮：複数の入力変数で構成される多次元のデータから「意味のある特徴量」を特定し、新たな軸を作る（基底を変換する）ことで、少ない変数でデータを再現すること。

③ 多峰性のある応答曲面に対して統計数理手法であるベイズ最適化を用いて最小の詳細数値計算回数で逐次的に最適解を求める。

これらの手法を用いることで、製品開発プロセスにおける最適化プロセスや、設計空間全域での目的関数値を高速に求めることのできるデジタルツインを構築することができる。

この章では、多層 NN の非線形回帰による代理モデルの構築や、多数の特徴量を用いた学習において特徴量の重要度評価を行う方法、非線形解析結果の固有直交分解（POD）や特異値分解（SVD）による次元圧縮、さらにベイズ最適化の例を Python プログラムも含めて紹介する。

補足メモ

固有直交分解：与えられた多次元非線形時系列データ等で構成される非正方行列の分散共分散行列（正方行列）の固有値問題を解くことで、非線形な時系列データを特徴づける低次元データへと次元圧縮を行う方法。（これは統計数理手法の一つであり、特に自動的に特徴量を見出すという点において、「教師無し学習」と分類される。）

特異値分解：固有直交分解では固有値問題から得られる基底ベクトルの係数を元の支配方程式に代入し決定する必要があるが、特異値分解では元の非正方行列の左特異行列（空間モード）と右特異行列（時間モード）を求めることで、直接次元圧縮できる。

Python：プログラム言語の１つ。通常の Fortran 等に比べ、コンパイル等の中間作業が不必要で、比較的、簡易なプログラム言語。最近は、AI のみならず、さまざまな使われ方をされている。

これからの設計者は、
適正な設計が求められるから、
AI用語の意味合いくらいは
勉強しておかなければ
いけないんだね。

3.1 多変数関数の非線形回帰による代理モデル構築

3.1.1 多層ニューラルネットによる代理モデルの精度検証

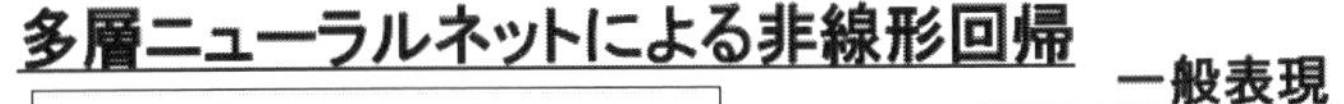

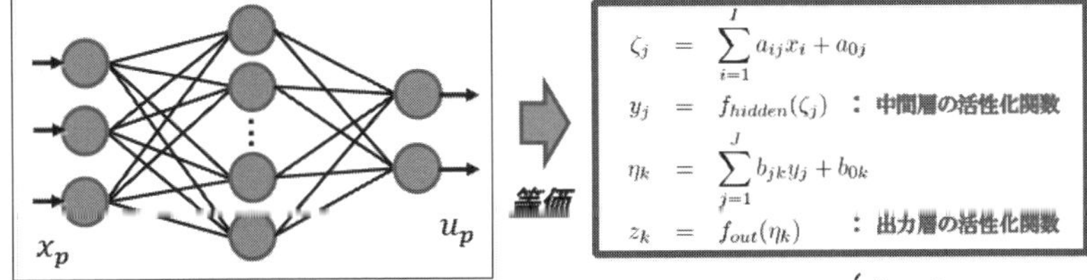

中間層の活性化関数が非線形単調増加関数の場合〔出力層は線形〕 $\sigma(t) = \begin{cases} 1 & \text{as } t \to +\infty \\ 0 & \text{as } t \to -\infty \end{cases}$

P 個の学習用のデータを $\{\boldsymbol{x}_p, \boldsymbol{u}_p | p = 1, \ldots, P\}$ とする。 $\boldsymbol{x}_p$ ：入力変数ベクトル $\boldsymbol{u}_p$ ：教師信号ベクトル

入力 $\boldsymbol{x} \in R^I$ から望みの出力 $\boldsymbol{u}$ を推定するような非線形の変換　$\hat{\boldsymbol{u}} = \Phi(\boldsymbol{x})$ を求めることと等価

任意の多変数連続関数の非線形回帰が可能 ➡ 数学的に証明されている！

G. Cybenko, Approximation by superpositions of a sigmoidal functions, Math. Control Signals Systems 2 (1989) 303-314.
M. Leshno, V.Y. Lin, A. Pinkus, S. Schocken, Multilayer Feedforward Networks With a Nonpolynomial Activation Function Can Approximate Any Function, Neural Networks, Vol.6 (1993) 861-867.

図 3.1.1　多変数関数の非線形回帰による代理モデル（サロゲート・モデル）

ここでは、3〜4 層の多層ニューラルネット（NN）によって応答曲面を回帰する例を紹介する。**図 3.1.1** に示すように、多層 NN は中間層の活性化関数をシグモイド関数などの非線形単調増加関数とすることで、高々3 層の NN によってあらゆる非線形関数が表現できることが、既に数学的に証明されている。特に計算の効率性を考慮し一般的には活性化関数に ReLU 関数が用いられているが、これを線形関数とすると統計数理の多変量回帰と等価になる。

補足メモ：シグモイド関数、ReLU 関数

活性化関数の種類。活性化関数は、あるニューロン層から次のニューロン層へと出力する際に、あらゆる入力値に重み係数をかけて総和した数値を変換する関数で、この関数が非線形性を持つことでNNの学習能力が高まる。

本例では多層NNを用いたサロゲートモデルを作成するために、3層と4層のNNモデルをPythonによるプログラミングによって各中間層のノード数をパラメトリックに変えて評価した。プログラミングは、Google Colaboratory上でKerasのSequential Dense NN Modelを利用して実行した。

補足メモ：Google Colaboratory, Keras, Sequential Dense NN Model

Google Colaboratoryは、Googleが機械学習の教育、研究を目的として開発したPython用開発・実行環境で、補足にて詳細説明する。KerasはTesorFlowに適した深層学習用ライブラリーで、CPU及びGPUに対応している。Sequential Dense NN Modelは、Kerasに含まれる深層学習用モデル・プログラムである。

学習と評価に用いたデータはKerasライブラリーにあるBoston-Housing Dataである。これは、13個の説明変数（1個は2値変数、1個は整数値、他は割合を示す連続変数）に対して1個の目的変数（住宅価格）がセットになったデータで、506組のサンプル数から404組を学習用に、120組を誤差評価用に使った。その結果を以下に纏めて表示する。この結果から、3層NNでも十分な中間ノード数（512）を設定することで、4層NNの中間ノード数が多いモデル（512、256）に勝るとも劣らない結果が得られた。

もちろん、NNモデルの学習精度は用いるデータセットの特性に依存するが、先に示したようにあらゆる非線形関数が高々3層のNNによって回帰できることの数学的証明を、実例として示すことができた。また、3層NNの中間層の最適ノード数も当然データセットの特性に依存するが、今回の計算によって目安も得られたと考える。

3層NNのパラメータ数（∑ノード間重み係数の数＋∑各ノードのバイアス）は、4層NNに比較し圧倒的に少ないため、学習時の計算や学習後の推論計算も圧倒的に軽くなる。このことは、最適化探索やデジタルツインとしての代理モデル（サロゲートモデル）には、特にふさわしい特性と考えられる。

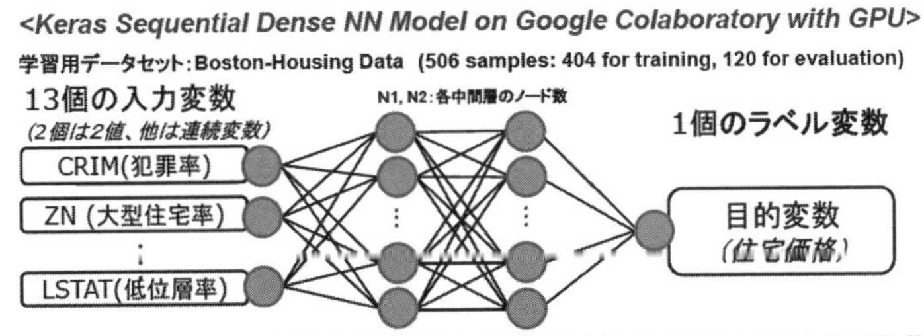

3層NNモデルのノード数と精度の関係

中間層ノード数	全パラメータ数	Total Loss	絶対誤差
16	224	0.2916	0.3255
64	896	0.1675	0.2615
256	3841	0.1359	0.2491
512	7681	0.1064	0.2288
1024	15361	0.1144	0.2299

4層NNモデルのノード数と精度の関係

中間層1ノード数	中間層2ノード数	全パラメータ数	Total Loss	絶対誤差
16	16	513	0.2874	0.3545
64	64	5121	0.1872	0.2864
256	64	20097	0.1457*	0.2619*
256	256	69635	0.1481*	0.2563*
512	256	138753	0.1124	0.2284

図3.1.2　異なる多層NNモデルによるサロゲートモデルの学習精度

図3.1.3に、Sequential Dense NN Modelを用いたPythonプログラミングによる4層NN（512、256）の学習・評価結果の収束状況プロットを示す。

この計算に用いた4層NN（512、256）のPythonプログラムを、章末の補足資料に添付する。また以下に、ここで使用したKerasライブラリーに含まれるBoston Housing Dataを示す。

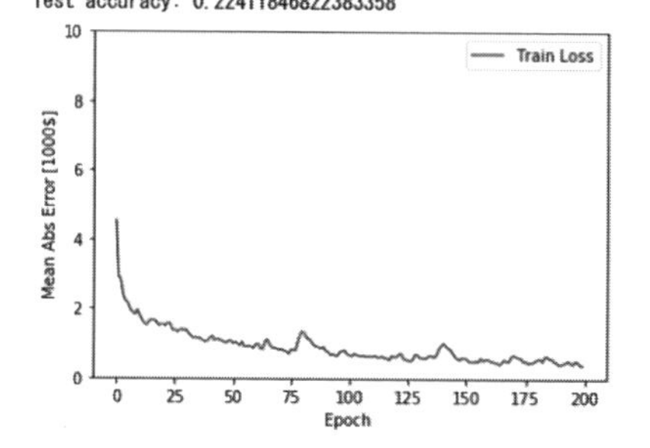

図 3.1.3 4層 NN（512、256）の学習時収束状況プロット

【Boston Housing Data in Keras Library】

1970年代のボストン郊外地域における不動産物件の価格に関する506組のデータセットである。ある地域の平均物件価格を目的変数として、各住宅の部屋の数や築年数といった物件情報、その地域の犯罪率や黒人比率などの人口統計に関する属性が説明変数である。即ち、ある地域の不動産の属性を入力として、その地域の平均物件価格（PRICE：単位＄1000）を予測する回帰式を求める問題として利用できる。

このデータセットの特徴は、13個の説明変数のうち1個は2値変数、1個は整数値、他は割合を示す連続変数であり且つスケールが異なる値を持つ。

- CRIM…犯罪発生率（%）
- ZN…25,000平方フィート以上の住宅区画の割合
- INDUS…非小売業の土地面積の割合（人口当たり）
- CHAS…チャールズ川沿いかどうかという2値変数（1：Yes、0：No）
- NOX…窒素酸化物の濃度（pphm単位）
- RM…1戸あたりの平均部屋数
- AGE…1940年よりも前に建てられた家屋の割合
- DIS…ボストンの主な5つの雇用圏までの重み付き距離
- RAD…幹線道路へのアクセス指数
- TAX…10,000ドルあたりの所得税率

・PTRATIO…教師あたりの生徒の数（人口当たり）
・B…黒人居住者の割合（人口当たり）
・LSTAT…低所得者の割合（人口当たり）

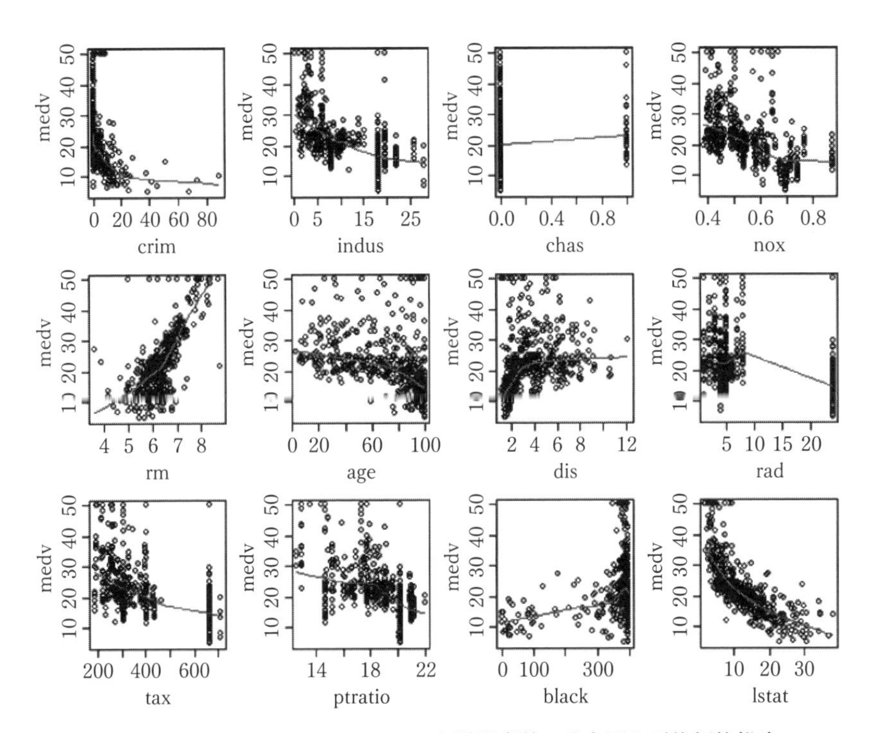

図 3.1.4　Boston Housing Data Set 各説明変数の分布図と平均価格推定
（出典：http://alumni.media.mit.edu/~tpminka/courses/36-350.2001/lectures/day30/ より）

木データセットの分散状況を示すために、ZN を除いた 12 個の説明変数と目的変数である住宅の平均価格を 2 次元プロットしたものを**図 3.1.4** に示す。

この図に示されたようにそれぞれのデータのばらつきは非常に大きく、分布状況も離散的であり、かつスケールも大きく異なる多次元のデータセットから、高々3〜4層の NN によって平均物件価格の予測式を回帰することが可能であると言える。

3.1.2 勾配ブースティング法による代理モデルの精度検証

多層 NN による回帰は多変数の非線形回帰を精度よく学習可能であるが、どの説明変数が回帰の精度に寄与しているかという定量的評価（説明性）は明示できない。一方、機械学習のもう一つの方式である決定木 (Decision Tree) 手法は、最近では勾配ブースティング法アルゴリズムによって格段に進化している。特に LightGBM は 2016 年にリリースされた最新の勾配ブースティング法で、特に並列アンサンブル学習において他の決定木学習プログラム（Random Forest, XGBoost）が決定木の各層を並行に（Level-wise）学習を進めるのに対し、LightGBM は決定木の各分岐の深さを必要に応じて（Leaf-wise）カットすることで学習時間が短縮され、かつ精度を上げることができる。さらに、訓練データの各説明変数ごとにあらかじめヒストグラム化を行うことでデータを簡易化し、学習精度を保ちながら計算速度を高速化する工夫などが組み込まれており、最近の分類・回帰問題では頻繁に利用されている。特に、各説明変数（特徴量）の重要度 (importance) を定量的に示すことができるため、多変数で異なるデータタイプの混合学習での活用が有効と思われる。

そこで、前述の多層 NN による非線形回帰で用いた Boston-Housing Data を LightGBM を用いて学習することで、各説明変数の重要度を定量的に評価することを実施する。LightGBM で直接評価できる特徴量の重要度については、下記に示す 2 つの重要度の選択が可能であるが、特に ‘gain’ タイプが特徴量の重要度評価に適切と思われる。

1） importance_type＝‘split’：分割構成されたツリー上のそれぞれの特徴量を参照した回数の合計を重要度とする。(default)
2） importance_type＝‘gain’：各特徴量による精度改善の合計を重要度とする。(クロス・エントロピー)

https://lightgbm.readthedocs.io/en/latest/Parameters.html#objective

章末の補足資料に LightGBM を用いた学習と各説明変数（特徴量）の重要度評価、及び検証データによる予測値の真値との比較を表示するプログラムを示す。また、**図 3.1.5** に、LightGBM を用いた Boston–Housing Data の回帰学習過程の出力と収束状況を２つの metric（root_mean_squared_error, R2）で表示する。LightGBM のもう１つの有効な機能として、ツリーモデルの学習進行に合わせて訓練データと検証データの誤差を同時に評価することで過学習を防ぐ early stopping があげられる。学習過程出力を確認すると、early stopping の設定によって訓練データの学習誤差が下がり続けている途中で、検証データの誤差（rmse）が最小化されたステップを最適解ステップ［136］として決定していることがわかる。

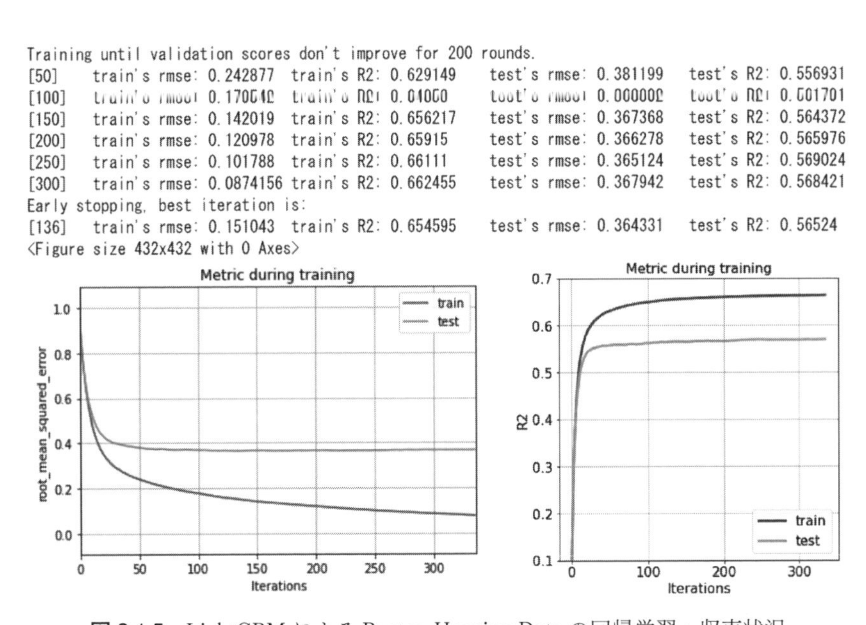

図 3.1.5　LightGBM による Boston Housing Data の回帰学習・収束状況

さらに、この学習にて Leaf_wise に構成された決定木を**図 3.1.6** に示す。

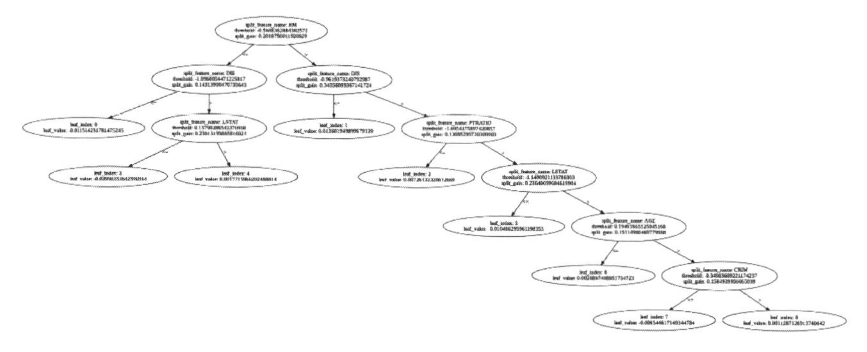

図 3.1.6　LightGBM による Leaf_wise 回帰学習結果のツリー表示

このように学習されたモデルにおける各説明変数（特徴量）の重要度を、**図 3.1.7** に 2 種類（split, gain）の重要度タイプで表示する。これを見ると、いずれの importance_type によっても特に 4 つの特徴量（DIS, LSTAT, RM, CRIME）が重要度が高いことがわかるが、その順位と重要度数値は大きく異なることが示された。

今回の問題における特徴量の重要度評価には、クロスエントロピーによる評価がより適切と考えられるため、gain による比較によって 2 つの特徴量（LSTAT, RM）が特に有効であると考えられる。

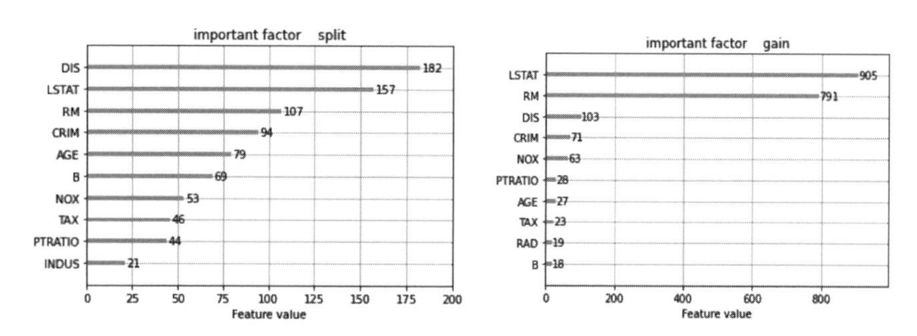

図 3.1.7　LightGBM 回帰学習における特徴量の重要度タイプによる差

また、本モデルによる検証データの計算値と真値の比較を**図 3.1.8** に表示する。ここでは、Leaf の数（決定木の分岐の数）を 11 と 9 で比較した。これを見ると、特定のポイントを除き目的変数の全域にわたって比較的良く予測値が求められている。

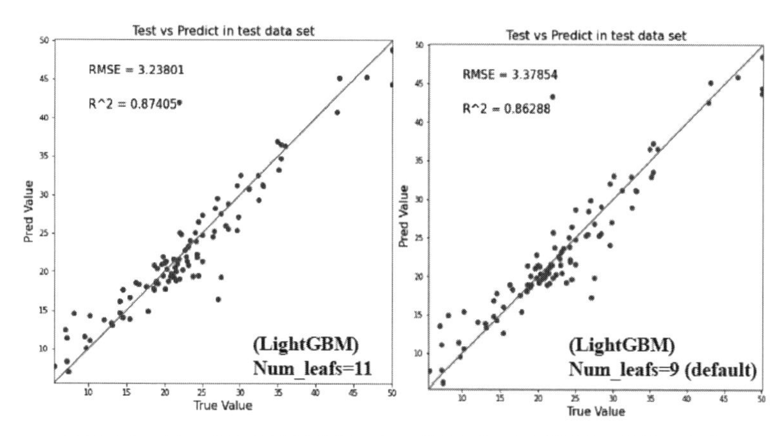

図 3.1.8　LightGBM 回帰学習による検証データ予測値と真値の比較

先に示した多層 NN（3 層、4 層）による学習結果の検証データによる予測値と真値の比較についても、**図 3.1.9** に示す。これらの図から多層 NN の回帰モデルは目的変数の値の大きい領域で誤差が多くなっていることがわかる。

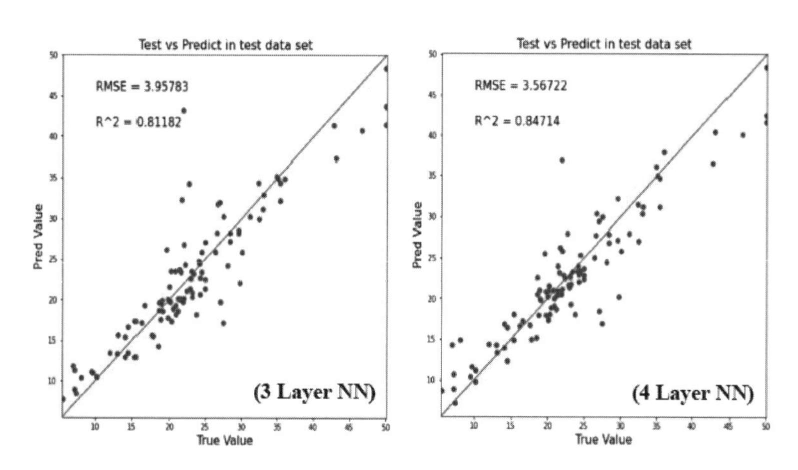

図 3.1.9　多層 NN による検証データ予測値と真値との比較

さらに、LightGBMと多層ニューラルネットによる学習時のCPUタイムを比較したものを**表3.1.1**に示す。本計算はGoogle Colaboratory上のCPUでアクセラレータ無しとGPU有りでの計算であり、CPUタイムはその計算ごとに変化するため3回の計算の平均を取った。この問題に関してLightGBMは学習・予測のいずれも計算時間が大きく改善し、特に予測計算に対しGPUの効果が大きく、また予測精度でも4層NNより優れていると言えるが、もちろん学習・訓練用データセットの分布状況によっても特性が異なることに注意しておく。

表3.1.1　各モデルでの学習・推論のCPUタイム及び予測精度比較

学習モデル *CPUタイム*	LightGBM Num_leaves＝11	LightGBM Num_leaves＝9	3層NN	4層NN
Train（*CPU*）	0.5591	0.4247	3.4854	4.4791
Predict（*CPU*）	0.0090	0.0108	0.0189	0.0248
Train（*GPU*）	0.4987	0.3295	6.1839	6.7647
Predict（*GPU*）	0.0019	0.0042	0.0194	0.0239
予測精度（*R^2*）	*0.87405*	*0.86288*	*0.81182*	*0.84714*

3.1.3　多層NNを用いた非線形弾塑性解析の代理モデル構築

さらに、ここでは**図3.1.10**に示す板金折り曲げ部品の衝突弾塑性変形解析結果の代理モデル（サロゲートモデル）を構築する。設計パラメータは、ビード長さ、ビードの位置、板厚である。本解析モデルは節点数6,110（自由度数18,330）の比較的小規模なモデルであるが、動的弾塑性変形問題であり1つの条件での解析時間は平均的に約572秒であった。実解析を行う解析点（3個の設計変数の組合せ）を、ビード長さ（95 mm）と板厚（0.7 mm）を基準として22組のパラメトリック衝突弾塑性解析を実行した結果が与えられているものとする。

次に、上記パラメトリック解析の結果を用いて、3.1.1節に示した多層NNに

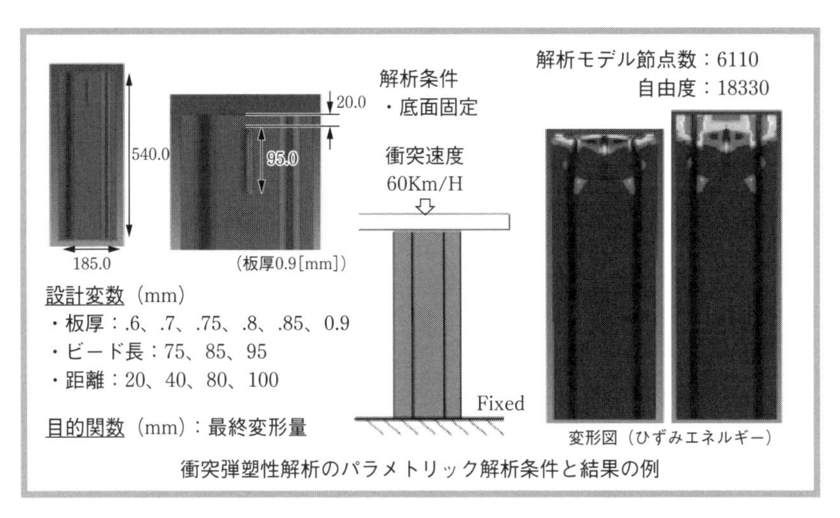

図 3.1.10　板金折り曲げ部品の形状モデルと圧縮弾塑性変形解析結果
（インテグラル・テクノロジー社提供のデータによる）

<Keras Sequential Dense NN Model on Google Colaboratory with GPU>

データセット：インテグラル・テクノロジー社提供　(22組 解析点: 17 for training, 5 for evaluation)

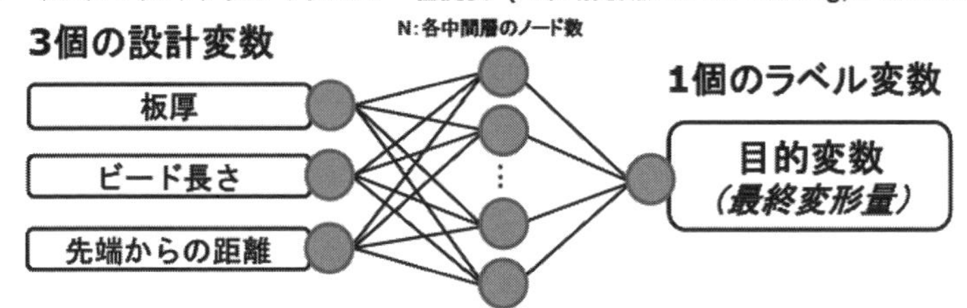

中間層の活性化関数 = ReLU, Optimizer = Adam, Loss = mse, Metrics = mae, EPOCHS = 100

図 3.1.11　弾塑性解析結果から多層 NN による代理モデル構築

よって構築する代理モデルの概略を**図 3.1.11** に示す。今回は、特に学習精度が 4 層 NN と同程度で学習時間が少ない 3 層 NN（中間層：1024）を用いた。

ここでは、22 ケースの弾塑性解析を行った結果を、教師データ 17 組とテストデータ 5 組に分け、前節に示した Python プログラムを利用して 3 層 NN による代理モデルを構築するために、中間層の数を変えて学習した結果を**表 3.1.2** に示す。最終的に中間層を 1024 とするモデルで学習を進めることとした。

表 3.1.2　3層 NN モデルのノード数と精度の関係

中間層ノード数	全パラメータ数	Total Loss	絶対誤差	学習時間 (*CPU*)	予測精度 (*R^2*)
64	321	0.0790	0.2373	5.0442	0.7588
256	1281	0.0365	0.1185	5.2495	0,7695
512	2561	0.0290	0.1018	5.2613	0,7774
1024	5121	0.0263	0.0925	5.4348	*0.7863*

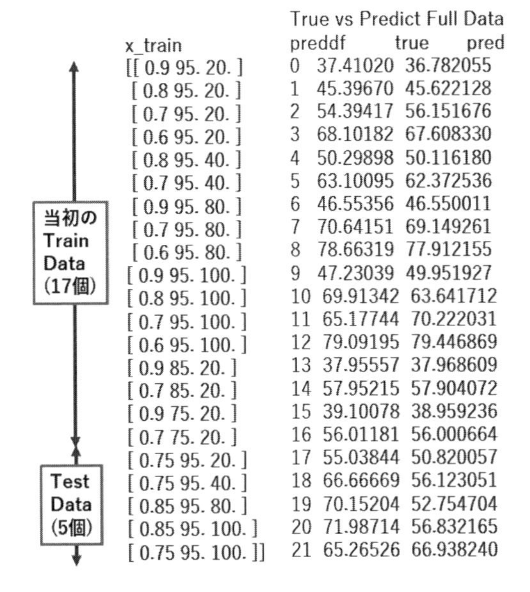

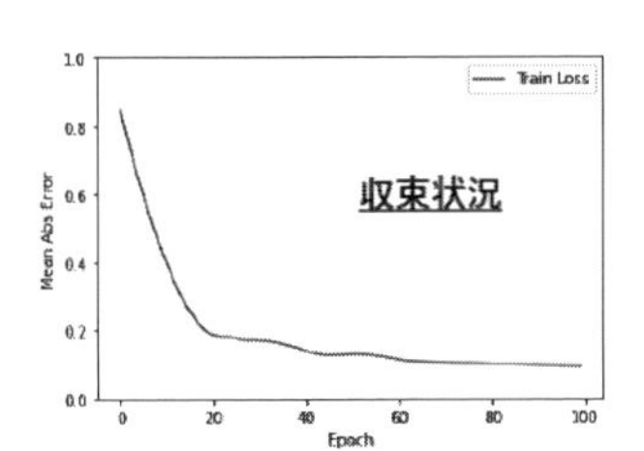

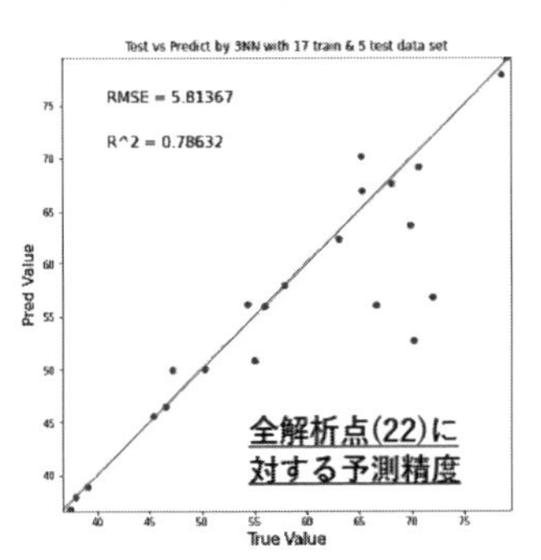


```
Number of Layers: 3,    Mid Layer Nodes: 1024    Epochs: 100

.Epoch 100/100
1/1 [==============================] - 0s 41ms/step - loss: 0.0263 - mae: 0.0925.

Test loss: 0.7536881566047668
Test accuracy: 0.73744797706604

3NN training time for 17 train & 5 test data points  5.434829235076904 (sec)
```

図 3.1.12　パラメトリック弾塑性解析結果から代理モデルを構築するための学習・検証データセット、及び3層 NN の学習時収束状況と予測精度

使用したデータセットとその学習・評価結果の収束状況プロットを**図 3.1.12**に示す。

> **補足メモ：教師データと検証データ**
>
> 教師あり学習では、入力データの特徴量を学習させるために全データを教師（訓練）データ（train data）と検証データに分けて、教師データを使って AI が学習した NN 重み係数値の予測精度を、検証データを用いて確かめる。

教師データとして 17 組による学習済の絶対誤差は 0.0925 となっているが、やはり教師データ点数が少なく、5 組のテストデータによる評価（model.evaluate）スコアは 0.74 と低い値を示し、かつ 22 組の全解析データに対する予測精

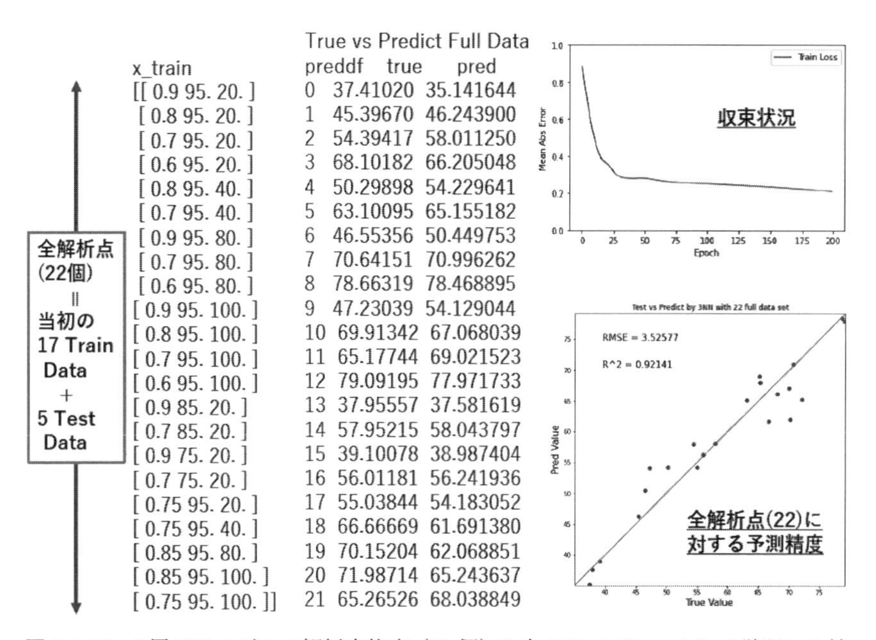

図 3.1.13　3 層 NN モデルで解析実施点（22 個）を全て Train Data として学習した結果の学習時収束状況と予測精度

度は R^2＝0.7865 とあまり高くなかった。

そこで、22 組の全解析済データを全て Train Data として用いることで、予測精度を向上させることを試みる。テストデータによる評価を行わない場合には、設定された設計空間中の外挿部分の予測値が解析点に対する過学習によって大きく変化することに注意が必要である。下記に、22 組の全解析点データを用いた学習に使用したデータセットとその学習・評価結果の収束状況プロットを示す。22 組の全解析データに対する予測精度は R^2＝0.9214 に大きく改善した。

この学習済 NN モデルを用いて、下記の 18 点（実解析点：10、未解析点：8）の予測推論（model.predict）を行った結果、下記の予測値を 57.74 ms で得た。設計空間の各コーナー点で適切な予測値が得られており、結果として設計空間全域で適切な代理モデルが得られたと考える。

```
x_predict vectors for 3d_corners by 3NN
                                  y_予測値        y_実解析値
[[ 0.7 95. 20. ]   実解析点   [[58.01125 ]    54.3942
 [ 0.7 85. 20. ]   実解析点    [58.043797]    57.9521
 [ 0.7 75. 20. ]   実解析点    [56.241936]    56.0118
 [ 0.7 95. 100. ]  実解析点    [69.02152 ]    65.1774
 [ 0.7 85. 100. ]              [62.977406]
 [ 0.7 75. 100. ]              [57.983395]
 [ 0.8 95. 20. ]   実解析点    [46.2439 ]     45.3967
 [ 0.8 85. 20. ]               [50.697918]
 [ 0.8 75. 20. ]               [49.10021 ]
 [ 0.8 95. 100. ]  実解析点    [67.06804 ]    69.9134
 [ 0.8 85. 100. ]              [55.92397 ]
 [ 0.8 75. 100. ]              [50.630283]
 [ 0.9 95. 20. ]   実解析点    [35.141644]    37.4102
 [ 0.9 85. 20. ]   実解析点    [37.58162 ]    37.9556
 [ 0.9 75. 20. ]   実解析点    [38.987404]    39.1008
 [ 0.9 95. 100. ]  実解析点    [54.129044]    47.2304
 [ 0.9 85. 100. ]              [45.434746]
 [ 0.9 75. 100. ]]             [40.356293]]
```

注意すべき点は、深層学習時のバックプロパゲーションでは、確率的勾配降下法を用いて計算を行っているため、Python による学習の度ごとに収束状況が微妙に異なる結果が得られる。しかし、得られた NN を固定して model.predict により予測・推論する場合は、毎回同一の解が得られる。

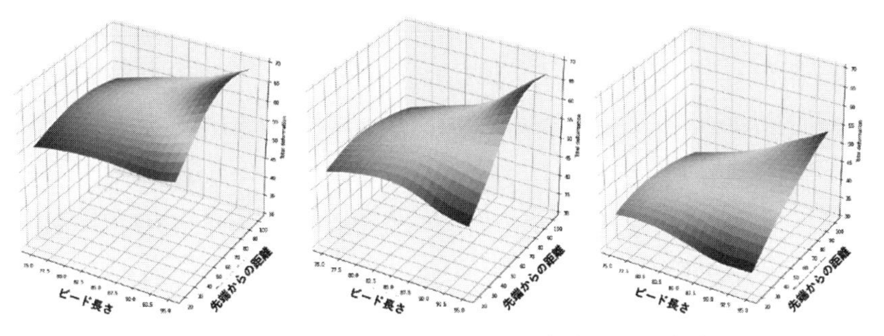

A）板厚固定：板厚0.7mm(左)、0.8mm(中)、0.9mm(右)

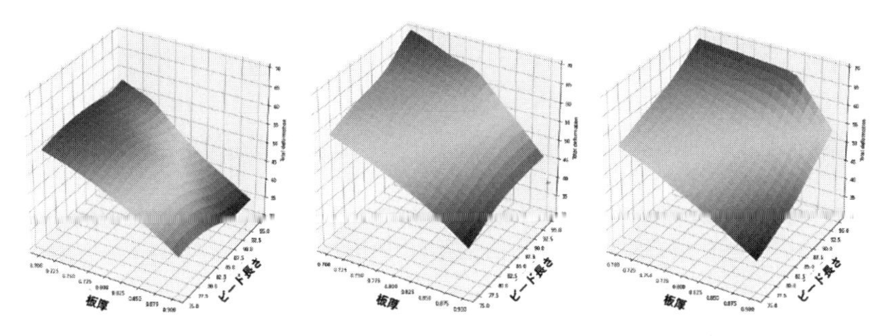

B）先端からの距離固定：20mm(左)、60mm(中)、100mm(右)

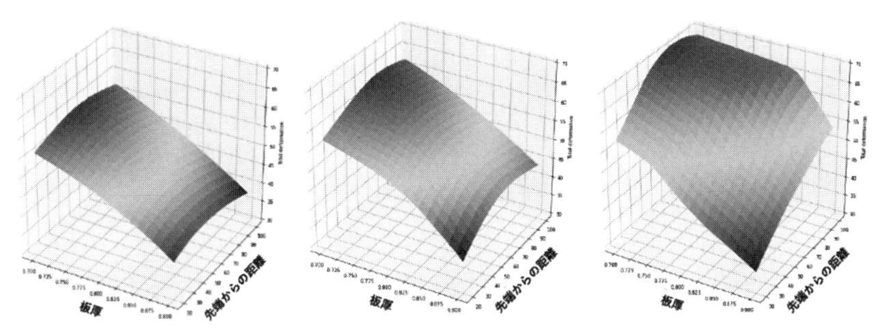

C）ビード長固定：ビード長75mm(左)、85mm(中)、95mm(右)

図 3.1.14　パラメトリック弾塑性解析の最終変形応答曲面 3D プロット

最後に 3 層 NN により構成された代理モデルを用いて、板厚、ビード長さ、先端からの距離を夫々固定した場合の最終変形量（Z）の応答曲面を三次元プロットした図を**図 3.1.14** A)、B)、C)に示す。この図からわかるように基本的に衝突時の変形を少なくするためには、板厚を厚くする（0.7 から 0.9 mm へ）ことが最も効果的であるが、特に長いビード（95 mm）の場合には、先端からの距離と変形量の関係が非線形な特性を示していることがわかる。

今回の代理モデル化でわかったように、各設計パラメータが設計空間の内部に充分に均質な分布として与えられていないデータセットであっても、多層ニューラルネットを用いた学習によって得られる応答曲面が極めて連続的な形状を得られることは大変有効である。ただし、設計空間内部に複数の極値点が存在すると考えられる場合には、その近傍のデータを多数取得する必要がある。

本来ならば設計空間内にラテン超方格等による解析点の選択を行い、さらにベイズ最適化による極値点を探索することで、より適切にかつ少ない解析点数で代理モデルの学習をすることが可能となる。また、学習用データセットと検証用データセットの組合せを入れ変えながら検証する方法も、少ないデータセット点数でより精度の高いサロゲートモデルの構築に有効である。

複数のCAE結果をAIに学習させ、AIにより
各設計因子の影響度と適正な因子の値、解析結果を
求めることができるんだね。
転移学習を使えば、より、精度が上がっていくような
気がするし、将来的にAIが自ら設計因子を
探せるようになれば、強化型AIによる設計も
可能になりそうな気がするね。

3.1.4 LightGBMを用いた非線形弾塑性解析の代理モデル高速化

節 3.1.2 で示したように勾配ブースティング法（LightGBM）は、回帰問題においてデータ点数が多い場合、特に学習及び予測のいずれにおいても、多層NN に比較して高速である。そこで、設計空間を多様に探索し多数の設計バリエーションを検討する場合には、代理モデルを多数回参照することになるので、勾配ブースティング法（LightGBM）を用いて代理モデルの高速化を検討したい。

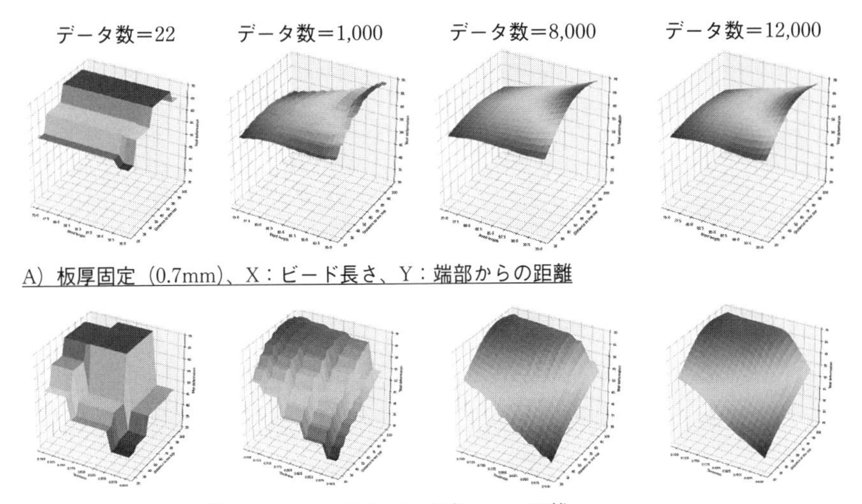

図3.1.15　使用データ点数（22、1000、8000、12000）毎のLightGBM回帰による代理モデルの応答曲面3Dプロット

しかし、先に説明をしたように勾配ブースティング法は決定木の１つであり、これを用いて滑らかな関数近似を得るためには多層NNに比較してより多くの学習用データを必要とする。例えば、先に３層NNによって応答曲面を回帰するために高々22個の実解析点を用いた。これと同じように22個の実解析点を用いて回帰問題をLightGBMで学習すると、**図3.1.15**のデータ数＝22に示すように非常に荒い応答曲面が得られる。これは、決定木の分岐が与えられたデータ点のみで決まるため、データ点が欠落している領域は全て同一の分岐となり、結果として同じ値になってしまうためと考えられる。

そこで、ここでは解析データとして得られたデータ点により学習された多層NNモデルを用いて、LightGBMモデルに必要なテータ点を生成し高精度なLightGBMモデルを学習することで、高速な代理モデルを構築する方法を提案する。前節の図3.1.14に示した学習済３層NNモデルをデータ生成器（転移学習の応用とも言える）として用いて、LightGBMの学習用データを多数生成しLightGBMの回帰学習を進めることで、代理モデルの高速化を行う全体フロー

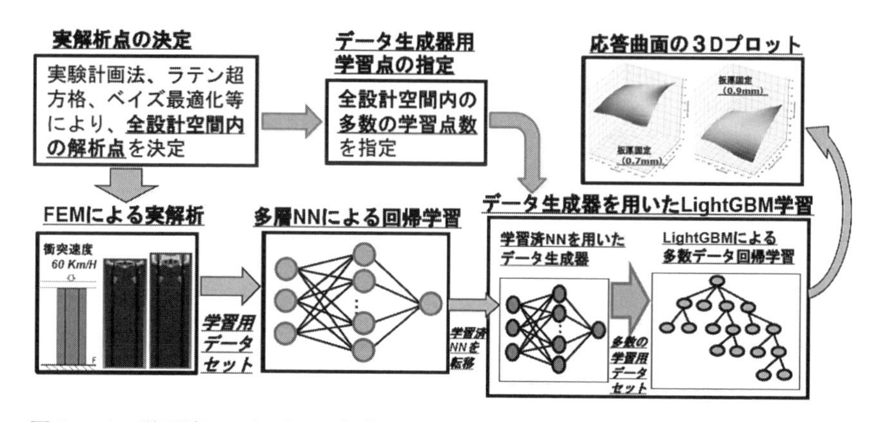

図 3.1.16　学習済 NN をデータ生成器として用い、高速・高精度な Light GBM 代理モデルを構築するフロー

表 3.1.3　学習済3層NNモデルをデータ生成器としたLightGBMモデルによる学習・予測時間と予測精度

学習モデル CPU タイム	3 層 NN Dataset: 22	LightGBM Dataset: 22	LightGBM Data: 1000	LightGBM Data: 8000	LightGBM Data: 12000
Train（*CPU*）	2.6498	0.2651	0.1928	0.2915	0.4258
Predict（*CPU*）	0.1662	0.0032	0.0103	0.0098	0.0115
Train（*GPU*）	2.4987	0.2587	0.1587	0.2876	0.3329
Predict（*GPU*）	0.0339	0.00366	0.00385	0.00198	0.00135
予測精度（*R*^2）	*0.9242*	0.8308	0.9347	0.9154	*0.9291*

を**図 3.1.16** に示す。

このフローに従って生成データの数を変化させて LightGBM の学習を進めることで得られた結果を**表 3.1.3** に示す。表 3.1.3 の 3 層 NN がデータ生成器でありその学習・予測（元の解析データ点：22 点）の時間を CPU と GPU で比較した。さらに、表中の LightGBM の学習用データ点数ごとにその学習・予測時間を CPU と GPU で比較した。ここでは、学習・予測時間が変動するため、同じ計算を 3 回行いその中で最良の精度が得られた際の計算時間を表記した。

表 3.3 に示す予測精度はあくまでも元の解析データ点（22 個）での予測精度であり、3 層 NN の学習モデル（データ生成器）の予測精度と同程度（0.92～

0.93）である。しかし、設計空間全域での応答曲面は図 3.1.15 に示すように板厚一定（0.7）では 8,000 点でほぼ収束しているようだが、ビード長さ一定（95.）の応答曲面を見るとまだ荒く 12,000 点の学習にて収束していることがわかる。この条件での LightGBM 回帰学習結果の収束状況、全解析点に対する予測精度、特徴量の重要度（gain）、学習モデルのツリー表示を**図 3.1.17** に示す。

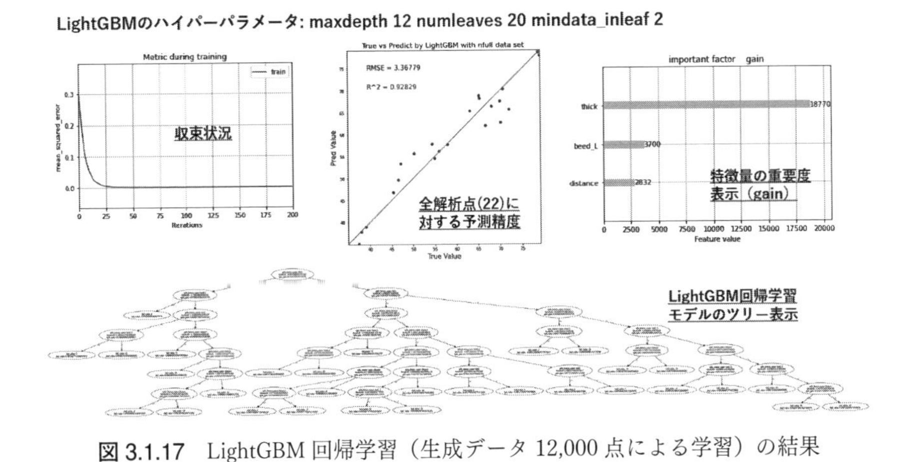

図 3.1.17　LightGBM 回帰学習（生成データ 12,000 点による学習）の結果

特筆すべきは、LightGBM の学習時間はデータ点数の増加と共に緩やかに上昇しているが、予測時間に関しては 1,000 点以上のデータ点数ではあまり変わらないこと、さらに GPU を用いた場合はより大きな点数ほど予測推論時間が低減することがあげられる。その結果、代理モデルとしての予測推論速度は、データ生成器として用いた 3 層 NN の予測推論速度に対し CPU 使用で約 14 倍、GPU を使用した場合は約 25 倍の高速化が得られた。これは、本来の弾塑性解析が一回当たり平均約 572 秒（CPU）の計算時間がかかることと比べると、表の予測時間が 22 点の予測時間であるため、一解析点あたりに換算すると CPU で 10^6 倍、GPU では 10^7 倍以上の高速化が可能であり、代理モデルとしてたいへん有効と考えられる。

3.2 動的非線形解析結果の固有直交分解等による次元圧縮

3.2.1 動的非線形解析結果の固有直交分解（POD）による次元圧縮

非線形性の強い流体解析や衝突解析などの大規模で複雑な時系列応答データを、**図 3.2.1** に示す固有直交分解（POD：Proper Orthogonal Decomposition）を用いた次元圧縮によって縮退モデル化（MOR：Model Order Reduction）することで、複雑な非線形特性の代理モデル化も可能となる。この手法は流体解析分野で発展し、適切な解説も出されている[1),2),3)]。また、最近では自動車のフルモデル衝突解析結果の大規模データを次元圧縮し縮退モデル（ROM：Reduced Order Mode）を構成することで、自動車の衝突安全設計の膨大な工数を大幅に削減可

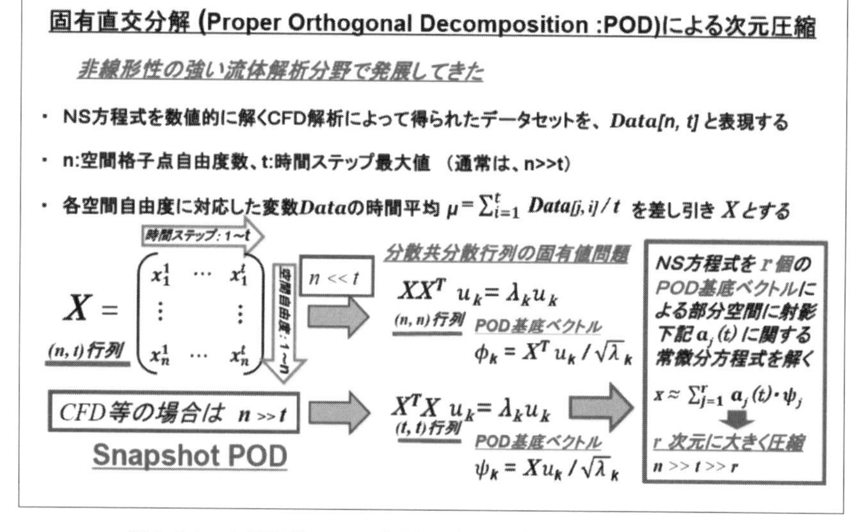

図 3.2.1 次元圧縮による代理モデル化（固有直交分解：POD）

能とする研究[7,8]も進んでいる。

さらに、流体や構造の非線形物理特性とそのダイナミック制御を組み合わせた動的システムのための MOR 手法を Willcox[9] らは Projection-Based Model Reduction Method として汎用化された概念でまとめている。また、POD は統計数理分野で標準的な多変量解析の一手法である主成分分析（PCA：Principal Component Analysis）と等価であることを注記しておく。

ここでは、前節で取り上げた衝突弾塑性変形解析の時系列変形応答を用いて、固有直交分解（POD）によりデータの圧縮を行う例を示す。前節で取り上げた薄板の衝突弾塑性変形解析は、薄板 4 節点要素を用いて約 7 千要素で汎用ソフト RADIOSS を使って得られたものであるが、例題として取り扱いを簡便化するために大きな塑性変形を示す先端部の 120 節点の X 方向変位データのみに限定して POD を実行する。時間軸のステップ数は 193 ステップで、PC 上に sample.csv データとして準備し、Google Colaboratory 上にアップロードするために Python プログラムでファイル読み込み命令を使った。その結果読み込まれた Data[120, 193]の一部を下記に表示する。なお本データは、板厚 0.7 mm、ビード長さ 95 mm、先端からの距離 20 mm の解析結果データである。

表 3.2.1　衝突弾塑性解析結果の X 変位データ（120 節点、193time step）

	0	1	2	...	190	191	192
0	0.0	0.002962	-0.004203	...	-0.069959	-0.069201	-0.068145
1	0.0	0.032812	0.349636	...	3.744360	3.739130	3.727970
2	0.0	0.005701	0.021531	...	2.636090	2.641280	2.634420
3	0.0	0.003658	-0.000648	...	-0.054958	-0.054464	-0.053748
4	0.0	0.036187	0.357731	...	3.863180	3.856830	3.844630
..	...	...	...	...	...	...	...
115	0.0	0.204772	0.937665	...	18.363800	18.361200	18.349300
116	0.0	0.039764	0.109883	...	-1.698830	-1.699600	-1.689990
117	0.0	-0.026106	-0.100403	...	-4.974240	-4.974110	-4.975010
118	0.0	0.160827	0.843245	...	14.060000	14.050800	14.036300
119	0.0	0.032148	0.115160	...	0.194823	0.203887	0.223141

[120 rows x 193 columns]

また、その中のいくつかの節点（2, 12, 66, 110, 113, 119）でのX方向変位を**図 3.2.2** に時刻歴応答としてプロットする。

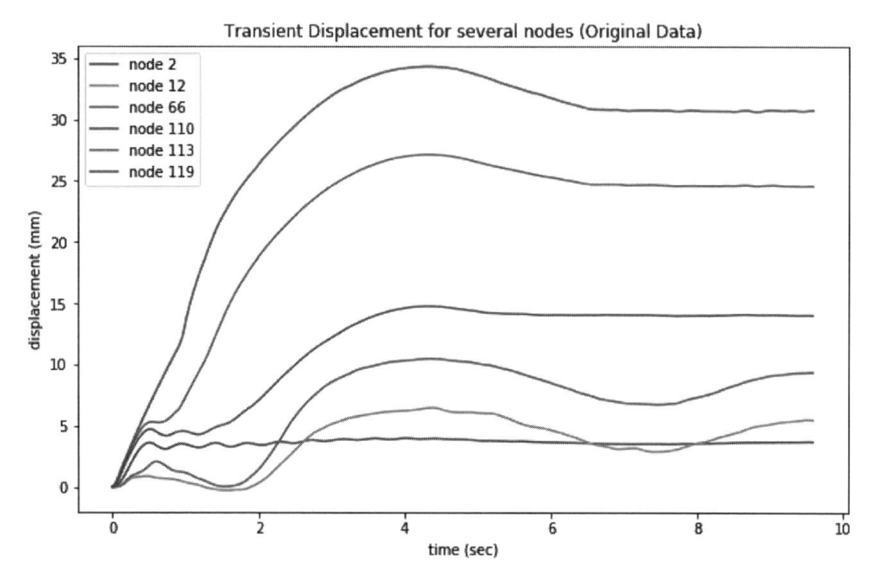

図 3.2.2　衝突弾塑性解析結果の複数節点X方向変位データプロット

一般的にPODが対象とする行列は、先の表に示したData[120, 193]と同様に非正方行列であるが、その分散共分散行列はDataとその転置行列 $Data^T$[193, 120]の内積で求められ、正方行列となる。ただし、重要な点として各節点自由度ごとに時間平均をとり、すべての節点に関して元のデータから各節点の時間平均を差し引いておく必要がある。この処理によって多次元空間の変数ベクトルが全て原点を中心として分布することになり、n次元の多様体（楕円体）に射影しフィッティングすることが可能になる[6)]。変換後のデータ行列を X と表し、空間自由度を 1〜n で時間ステップを 1〜t で表す。

$$X=\{x_i\}\quad i=1\sim t,\quad X\in R^{n,t},\quad x_i\in R^n,\quad x_i=Data[j,i]-\mu,\quad \mu\in R^n$$

（ただし、$\mu=\sum_{i=1}^{t} Data[j,\ i]/t$ は、各節点の時間平均である。）

このようにして得られたXについての分散共分散行列の固有値解析をすることで、Xの固有直交分解（POD）が可能となり、得られる固有ベクトルの線型和として次元圧縮ができることになる。

即ち、図 3.2.1 の表記に沿って Xの分散共分散行列の固有値問題を下記に表現し、これを解いて固有値、固有ベクトルを求める。

$XX^T u_k = \lambda_k u_k$　　但し、λ_k：固有値、u_k：固有ベクトル

従って POD 基底ベクトルは、$\phi_k = X^T u_k / \sqrt{\lambda_k}$ で表される。

一方、通常の CFD（流体解析）で扱うナビア・ストークス方程式の非定常解や、自動車の衝突問題で解く非線形弾塑性解析の過渡応答解などの場合は、空間自由度 n が非常に大きく（数百万～数億要素）それに比較して時間ステップ t の方がはるかに小さい（$n \gg t$）。そこで、上式の n 次元固有値問題を解く代わりに $X^T X$ の固有値問題を解くほうがはるかに計算時間が少なくて済む。これは、図 3.2.1 に示すように CFD 分野での固有直交分解ではスナップショット POD と称して $X^T X$ の固有値問題を解くことが多い。上記の二つの固有値解析は等価で、上位固有値も同一の主成分を持つ。実際に計算された X に関する 2 種類の分散共分散行列の固有値の上位 20 個を下記に記すが、全く同じである。また多変量解析の主成分分析（PCA）は、通常 $X^T X$ の固有値問題を解くものである。

表 3.2.2　分散共分散行列の上位固有値（上：XX^T の場合、下：$X^T X$ の場合）

```
val [7.99249644e+04 9.64946222e+03 2.40795079e+03 8.25508462e+02
 1.82793967e+02 6.35499937e+01 3.23666000e+01 1.31941844e+01
 5.66382286e+00 3.73604178e+00 2.07250746e+00 1.54133331e+00
 9.66885187e-01 6.69394788e-01 3.48549266e-01 1.61315530e-01
 1.54769484e-01 1.00252512e-01 8.46626802e-02 4.49186647e-02

val2 [ 7.99249644e+04  9.64946222e+03  2.40795079e+03  8.25508462e+02
  1.82793967e+02  6.35499937e+01  3.23666000e+01  1.31941844e+01
  5.66382286e+00  3.73604178e+00  2.07250746e+00  1.54133331e+00
  9.66885187e-01  6.69394788e-01  3.48549266e-01  1.61315530e-01
  1.54769484e-01  1.00252512e-01  8.46626802e-02  4.49186647e-02
```

ただし固有値の個数は XX^T の場合は n 個であり X^TX の場合は t 個得られ、それぞれの固有ベクトルは全く異なることに注意する。

ここで、上記の固有値の上位 6 個をプロットした図を示すが、これによると上位 6 個の固有値の合計を全固有値の合計で割った値（累積寄与率）は 0.999 となり、さらに高々上位 4 個の固有値の累積寄与率合計でも 0.997 となる。この固有値の値はそのモードが持つエネルギーに相当する量であり、高々4 個の上位固有値（及びその基底ベクトル）の和で全体変形を表現可能であり、大きく次元を圧縮できることがわかる。

さらに**図 3.2.4** に、X の分散共分散行列 XX^T の上位 4 個の固有値に対応した基底ベクトル ϕ_j をプロットする。図より明らかなように、これらの基底ベクト

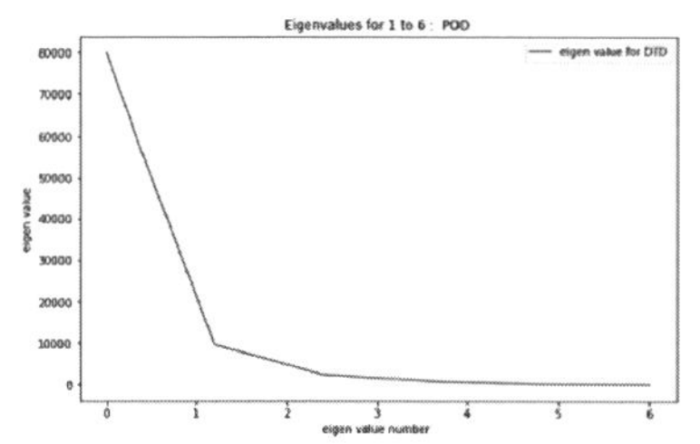

累積寄与率： $\sum_{k=1}^{r} \lambda_k \Big/ \sum_{k=1}^{n} \lambda_n$

	合計値	累積寄与率
全固有値の合計	93115.45	*1.0*
上位 6 個の合計	93054.23	*0.9993*
上位 4 個の合計	**92807.89**	*0.9967*

図 3.2.3　POD から得られた上位 6 個の固有値と累積寄与率

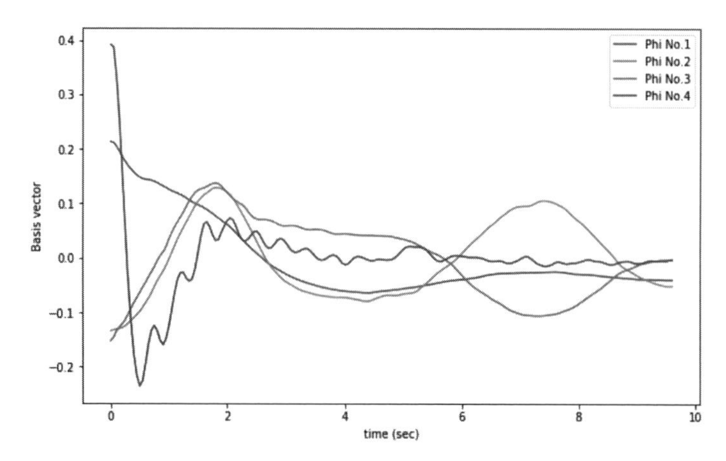

図 3.2.4　上位 4 個の固有値に対応する XX^T の基底ベクトル（ϕ_1〜ϕ_4）

ルは時間項に関する直交する固有モードを表すベクトル群である。

一方、先に述べたスナップショット POD の場合の X^TX の固有値問題を解くことによって得られる基底ベクトルを ψ_j と記すと、空間項は4つの基底ベクトルを用いて表現される。**図 3.2.5** に、分散共分散行列 X^TX の上位 4 個の固有値に対応した基底ベクトル ψ_j をプロットする。

補足メモ：基底ベクトル

基底ベクトルとは、線形独立なベクトルから構成される集合のことで、線形演算（足し算と定数倍）のみで考えようとしている空間（例えば 2 次元なら平面、3 次元なら空間）上のすべての点をくまなく表現することができ、かつ、表現の仕方が重複しないようなベクトルの組のことを言う。

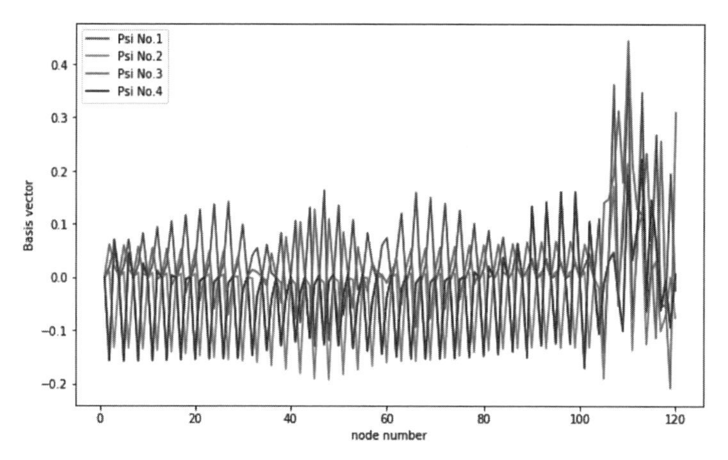

図 3.2.5　上位 4 個の固有値に対応する X^TX の基底ベクトル（ψ_1〜ψ_4）

この基底ベクトルを利用することで、元のデータは下記にて時間項が分離され、かつ次元圧縮が可能となる。

$$X = \{x_i\} \approx \sum_{j=1}^{r} a_j(t) \cdot \psi_j$$

この右辺を元の支配方程式である偏微分方程式に代入し、時間変数の常微分方程式として解くことで時間項である $a_j(t)$ が求まり、縮約された形で X を求めることができることになる。CFD 問題では右辺をナビア・ストークス方程式に代入することで、空間変数は基底ベクトルで表現され時間のみの変数である $a_j(t)$ の常微分方程式を解くことになる。（これは、Galerkin Projection と呼ばれる手順で、詳細は平による解説[1,2]を参照）本例では、元のデータ群は非線形弾塑性方程式の非定常解より得られたものであり、次に示す方程式を解く必要がある。

$$\mathrm{M}\ddot{\mathrm{u}}+\mathrm{C}\dot{\mathrm{u}}+\mathrm{K}\mathrm{u}=\mathrm{F}(\mathrm{t})$$

しかし、ここでは図 3.1.10 に示す問題に関する幾つかの解析で得られたデータの部分情報のみが与えられているため、上式の質量行列、減衰行列、剛性行列を再構成するための情報が得られていない。そこで、ここで取り扱うデータ群を弾塑性大変形の実験で得られた計測値として解釈し、このデータのみから次元圧縮を行うために実験流体力学（EFD）でもよく用いられている特異値分解（Singular Value Decomposition：SVD）を用いたデータ圧縮を試みる[9]。これは、一般にデータ駆動科学の手法と位置付けられ、また離散型 POD と等価である。

衝突挙動は、時系列による変形や
破壊の変化があるのだけど、
CAE解析ですべてそれを行うのは
時間がかかる。
時系列の挙動に対応するAI(統計数理)
もいろいろな手法があるんだなぁ。

3.2.2 動的非線形解析結果の特異値分解（SVD）による次元圧縮

SVD を開発した Golub の論文標記[10]に従い、非正方行列 $X(\mathrm{n},\ \mathrm{t})$ の特異値分解は下記にて表される。ここでは先に示した X の定義に倣って空間自由度を 1～n で、時間ステップを 1～t で表す。また、U は XX^T の固有ベクトルで構成され SVD の左特異行列と呼ばれる $(n,\ n)$ 正規直交行列であり、空間モードを表す。V は X^TX の固有ベクトルで構成され SVD の右特異行列と呼ばれる $(t,\ t)$

正規直交ベクトルで、時間モードを表す。さらに、$\sum$ は X の非対称次元に応じて下記に表現される$(n,\ t)$の非正方行列である。

$$X=U\sum V^T \qquad ただし、U\in R^{n,n},\quad \sum\in R^{n,t},\quad V\in R^{t,t}$$

ここで、

$$n=t の場合：U^TU=V^TV=VV^T=I_n,\qquad \sum=\mathrm{diag}(\sigma_1,\cdots,\sigma_\mathrm{n})$$

$$n>t の場合：X=U_c\begin{bmatrix}\sum\\ \hline \mathbf{0}\end{bmatrix}V^T,\quad U_c{}^TU_c=I_n$$

$$n<t の場合：X=U_r\sum\nolimits_r V_r{}^T,\quad U_r{}^TU_r=V_r{}^TV_r=I_n,\quad \sum\nolimits_r=\mathrm{diag}(\sigma_1,\cdots,\sigma_\mathrm{r})$$

σ_i は X の特異値（singular value）と呼ばれ、$\sigma_i=\sqrt{\lambda_i}$ である。

以上で得られた特異値 σ_i と右及び左特異ベクトルの上位 L 個のセット（$L\ll t$）を用いて下記の近似解による次元圧縮が可能となる。

$$X\approx U_L\sum\nolimits_L V_L{}^T,$$

$$但し、U_L=\{u_1,\cdots,u_L\},\quad V_L=\{v_1,\cdots,v_L\},\quad \sum\nolimits_L=\mathrm{diag}(\sigma_1,\cdots,\sigma_L)$$

これを展開し時間平均を加えた形式で表現すると、下記となる。

$$Data[j,i]\approx\sum\nolimits_{k=1}{}^r\sigma_k\cdot u_kv_k{}^T+\mu$$

ここで、$u_kv_k{}^T=u_k\otimes v_k$ は u_k と v_k の直積（outer product）を示す。

ここに示した SVD における大規模データ行列の分解の様子を**図 3.2.6** に示す。

以上に示された特異値分解（SVD）を、表 3.2.1 に示した元データに対し用いて得られた上位 4 個の特異値によるデータ縮約の結果を、**図 3.2.7** に示す。

この図を見ると、衝突後 1 秒前後で特に節点 66 及び節点 113 の変形応答状

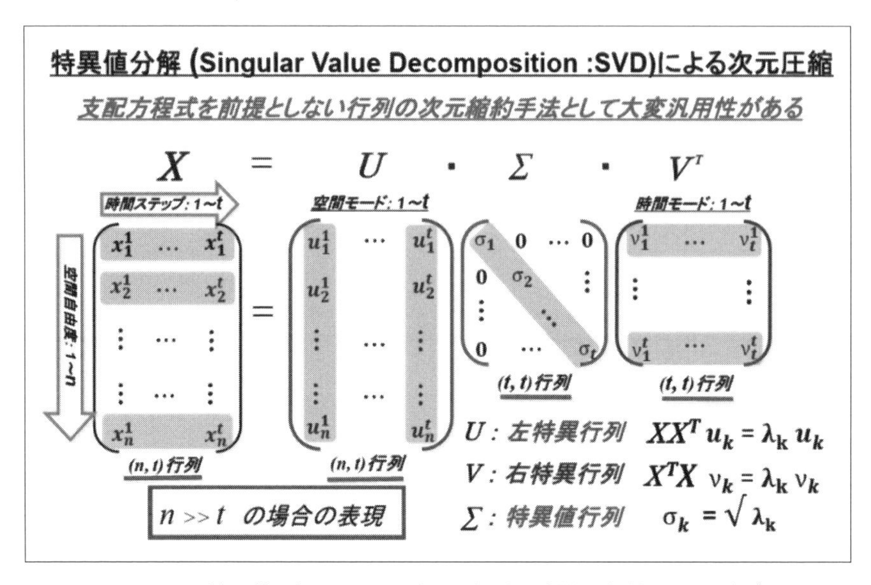

図 3.2.6 特異値分解におけるデータ行列の時間・空間モード分解[9)]

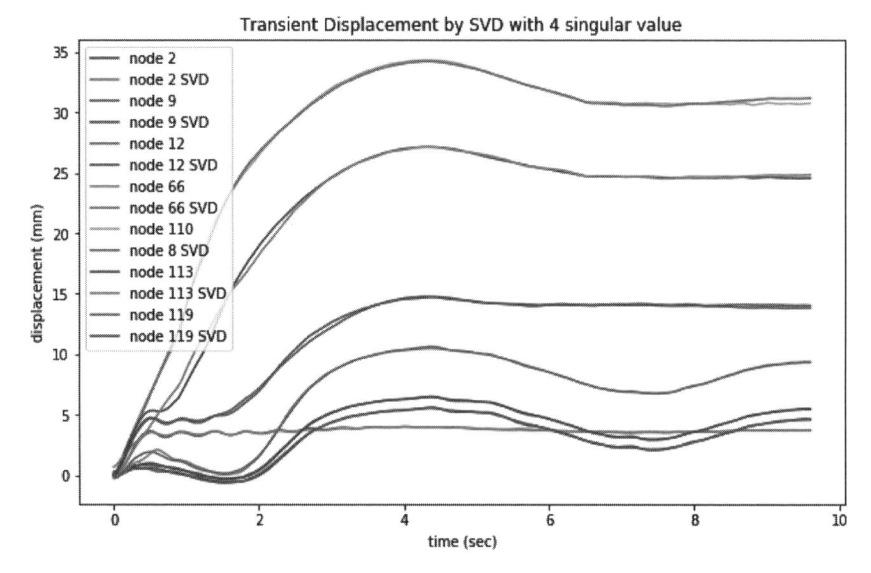

図 3.2.7 特異値分解を用いた縮約モデル（4 個の特異値）のプロット

況について元データの応答との差異が大きく見られる。さらに、節点 119 の変形応答状況について衝突後の 3 秒前後でも、多少、元データの応答との差異が見られる。これは、POD での固有モード数の選択は図 3.2.3 に示すように上位固有値の累積寄与率を基準にすることで決められるが、SVD の場合は上位特異値の累積寄与率を基準にすることで決める必要がある。しかし、先に示したように特異値の定義は $\sigma_i=\sqrt{\lambda_i}$ であるため、同様な寄与率でモード数を決めると下記のように SVD の方がモード数を多く必要とする。

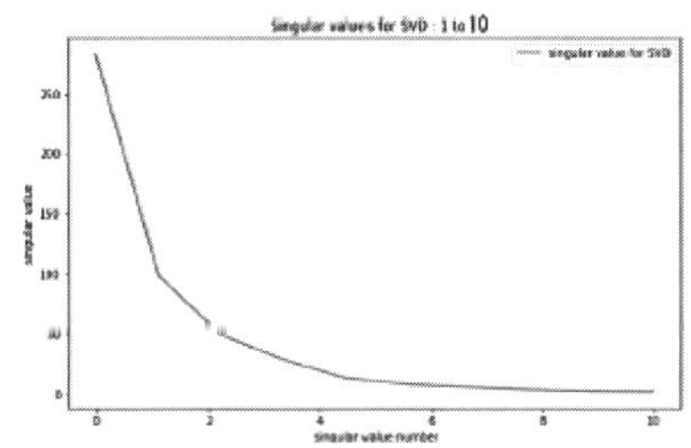

累積寄与率： $\sum_{k=1}^{r}\sigma_k \Big/ \sum_{k=1}^{n}\sigma_k$

	合計値	累積寄与率
全特異値の合計	502.074	*1.0*
上位10個の合計	**493.871**	***0.9837***
上位 6 個の合計	480.236	*0.9666*
上位 4 個の合計	458.744	*0.9137*

図 3.2.8　特異値分解における上位 10 個の特異値の累積寄与率

そこで、節点 66 及び節点 113 の変形応答状況について、特異値の上位 4 個、6 個、10 個を用いたデータ縮約の結果を**図 3.2.9** に示す。

この結果では、節点 66 及び 113 の過渡応答に関しては特異値を 6 個の場合と 10 個の場合でほぼ同じ応答を示すため、6 個以上の特異値を用いた圧縮で精度良い応答が得られることがわかる。一方節点 119 の変形応答状況については、特異値の上位 4 個、6 個、10 個を用いたデータ圧縮の結果を**図 3.2.10** に示す。

この結果から、節点 119 の過渡応答に関しては特異値を 6 個の場合と 10 個の場合で多少異なる応答を示すため、10 個以上の特異値を用いた圧縮が必要と思われる。そこで、特異値の数を 10 個とし他の節点も含めた過渡応答を元データと比較したプロットを**図 3.2.11** に示す。この図を見ると、SVD によって得られる特異値 10 個を用いたデータ圧縮によって、全ての節点の過渡応答履歴が元データと比較して精度良く復元されていることがわかる。

以上で示したように、特異値分解（SVD）を用いた POD は、支配方程式を必

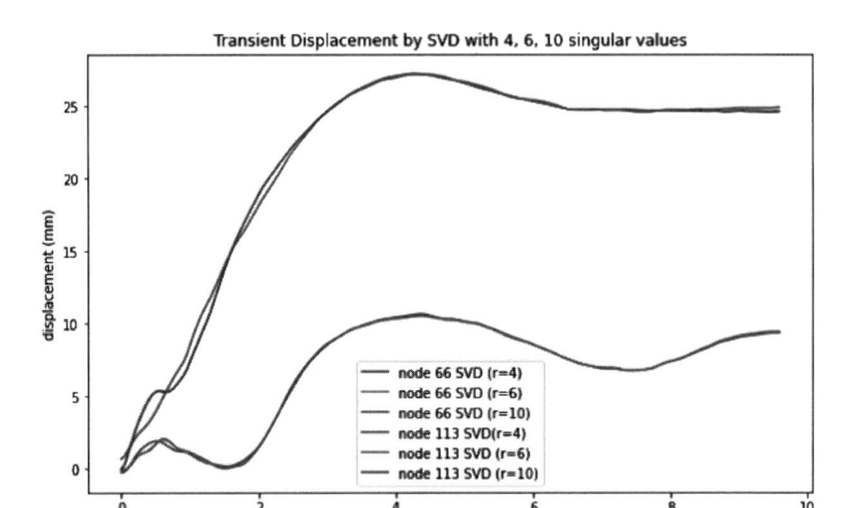

図 3.2.9 特異値の数による節点 66、113 の過渡応答の変化

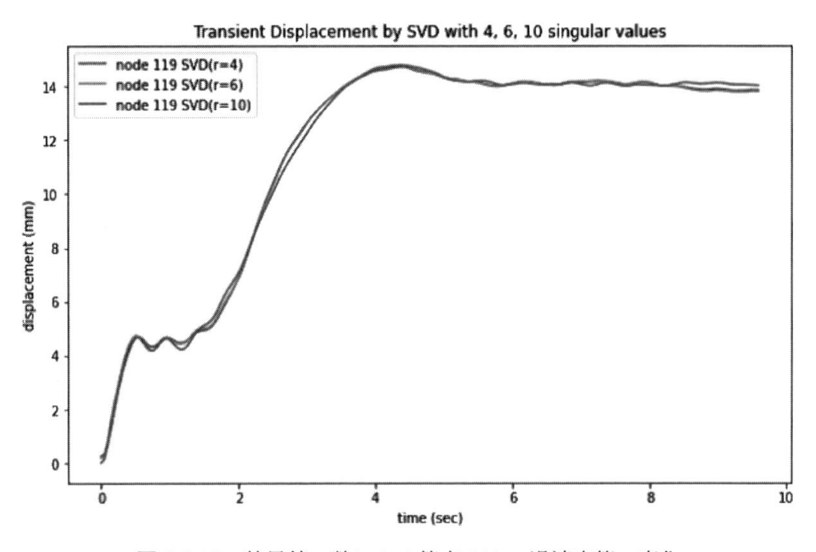

図 3.2.10 特異値の数による節点 119 の過渡応答の変化

ずしも必要としないデータ駆動型の次元圧縮手法であるため、非常に汎用性がある。しかし、与えられたデータ区間に関してこれが適用されるので、さらに

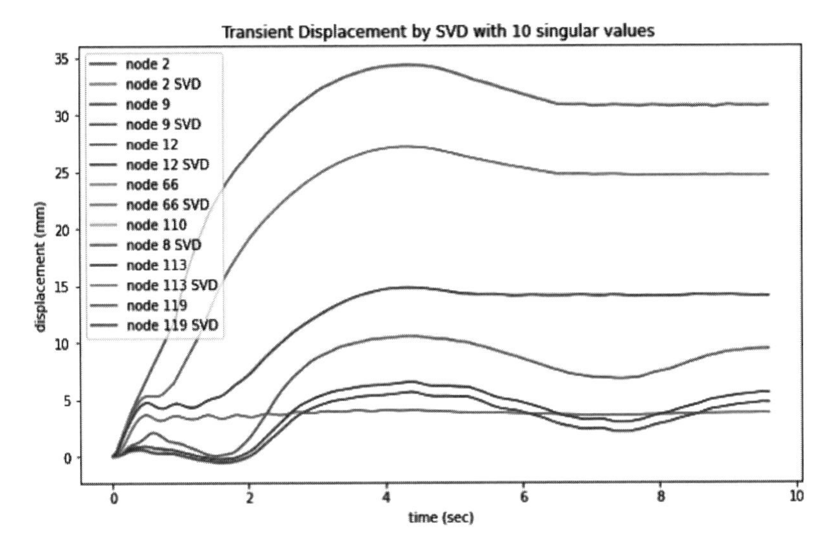

図 3.2.11　特異値分解による縮約モデル（10 個の特異値）のプロット

継続的なデータや境界条件等が変化しながらの継続的解析結果等の次元圧縮は、動的モード分解（DMD：Dynamic Mode Decomposition）[2, 3, 4, 11]と組み合わせる必要があることを付記する。

なお、参考のために POD 及び SVD の Python プログラムを、章末の補足に示す。固有直交分解（POD）で用いた固有値、固有ベクトルの解析や、特異値分解（SVD）の特異値や左右特異ベクトルを求めることは、Python における numpy や SciPy ライブラリーを用いて比較的簡単に得られる。特に POD 及び SVD の Python プログラミングに関して、多数のブログ情報が大変有効であったことを付記する。

3.3 ベイズ最適化による圧力損失最小化問題の最適解探索

3.3.1 本節でのベイズ最適化の考え方

近年ディープラーニングになどの機械学習が急速な進化を遂げているが、それを支える周辺技術も見直され発展してきている。学習計算コストの高いディープラーニングにおけるハイパーパラメータ（層数・層内のユニット数・活性化関数・学習率など）のように、物理的な意味が乏しく勾配もわからない（微分できない）変数を持つブラックボックス関数の最適化もその1つである。

本節では、ベイズ推論を用いて効率的にブラックボックス関数の大域的最適化ができ、アルファGoの強化学習のハイパーパラメータの最適化にも使われているベイズ最適化について概説し、CAEを用いた最適設計への活用事例を示す。

3.3.2 最適解の探索

1変数の最小化問題において、従来の勾配法の考え方に基づく最適解の探索では、2点の計算結果（実測結果）から線形近似（回帰）を行い、より最小となる見込みのある次の計算点を決定する。その後、計算点の評価を行い、3点となった計算結果をもとに2次関数近似を行い、同様に最小となる見込みのある次の計算点を決定し、これを繰り返すことで最適解の探索を行う方法が一般的である。一方、ベイズ最適化では、最小となる見込みのある次の計算点を決定する際に、回帰モデルの不確かさも考慮する。その結果、設計空間を隈なく探索し局所解に陥らず大域的最適解に到達することができる。

なお、回帰モデルの不確かさとしては信頼区間・分散などを用いるため、ベイズ最適化には不確かさを表現できる回帰モデルが必要であり、一般的には非線形回帰可能なガウス過程回帰が用いられることが多い。

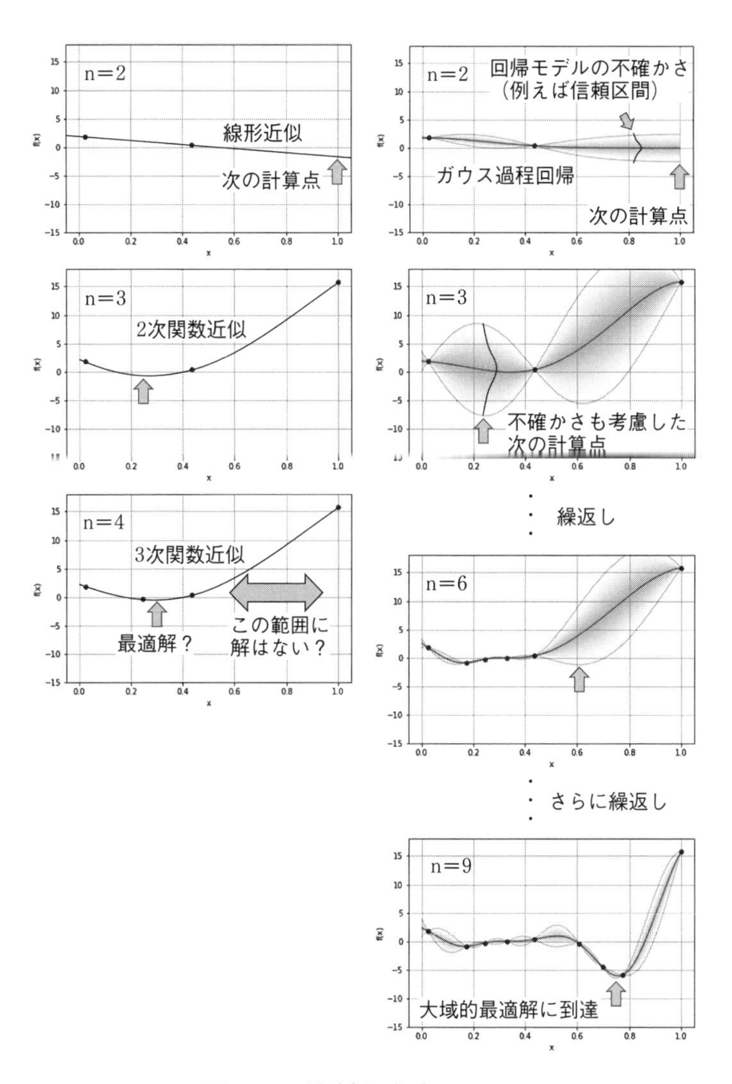

図 3.3.1　最適解の探索イメージ

3.3.3 獲得関数

実際、最小化問題において、回帰モデルの不確かさも考慮した上で最小となる見込みのある次の計算点を決定する方法として、以下のような獲得関数の最大化問題を解くことで決定する方法が提案されている（Srinivas 氏ら 2010）。

$$x_t = \mathrm{argmax}\{-\mu_{t-1}(x) + w_t \cdot \sigma_{t-1}(x)\} \tag{3.3.1}$$

ここで、μ_{t-1}、σ_{t-1} は、前回（$t-1$ 回）までの計算により作られた回帰モデルの平均と分散であり、w_t は重み係数である。また、argmax は{ }内の関数が最大となる x を求解する関数である。w_t の値は、前回（$t-1$ 回）までの最適解を活用した最小値の求解と、回帰モデル上の不確かな範囲の探索の割合であり、イタレーションに応じて変更することが提案されている。

前項で取り扱った 1 変数の最小化問題における獲得関数を**図 3.3.2** に示す。

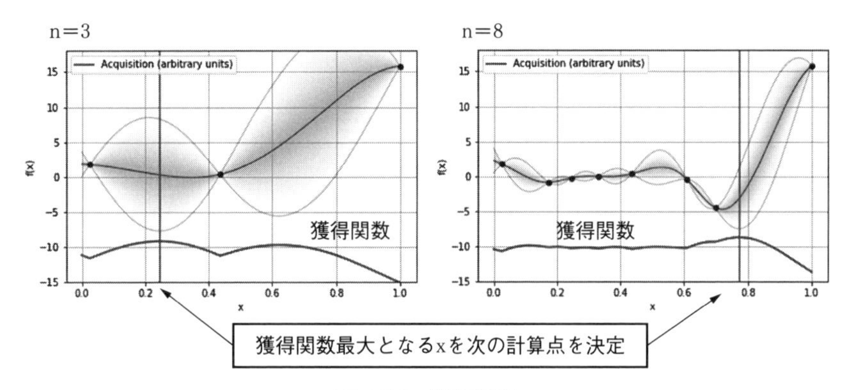

図 3.3.2 獲得関数

次の計算点を決定する方法として、Srinivas 氏らの獲得関数の最大化以外の方法も提案されているが、どの手法も、回帰モデルの事後分布、もしくは尤度から近似した事後分布を用いて次の計算点を決定している。

3.3.4　最適化アルゴリズム

これまでの具体的な計算フローを図 3.3.3 に示す。

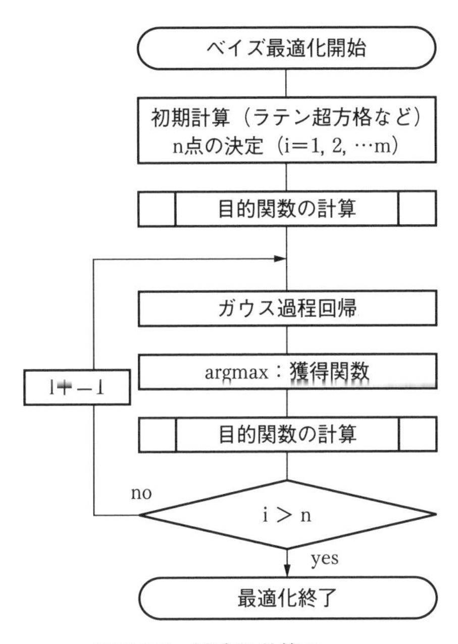

図 3.3.3　最適化計算フロー

まず、回帰モデルを作るために初期計算が必要となる。通常、初期計算点のサンプリングには、ランダムサンプリングやラテン超方格サンプリングなどの実験計画法などが用いられる。次に、初期計算点の計算結果を用いてガウス過程回帰などで回帰モデルを作成し、獲得関数を最大とする次の計算点を選定する。以降、選定した計算結果を追加し、回帰モデルの更新、次の計算点の選定を繰り返す。

以上のような不確かさを考慮した解の探索は、人の直観・考え方をベイズの定理に従い定式化・アルゴリズム化できているため、人の直観・考え方に非常に近い挙動を示し、あたかも AI のような振る舞いに感じられる。

3.3.5 関数を用いた数値実験

実際にベイズ最適化の例題として、多峰性関数の最大化問題を扱う。

最大化問題

$$f(x, y) = (\sin(6.0\mathrm{atan}_2(x, y)) + 1.2)\, e^{\frac{y}{20} - \frac{(-x^2 - y^2 + 25)^2}{200}} \qquad (3.3.2)$$

xy の範囲

解析解　f＝2.9,　argmax f(x, y)＝(2, 5)

ここではプログラム言語の Python 及びベイズ最適化のライブラリ GPyOpt の使用方法について概説する。プログラムコードを Code 1 に示す。

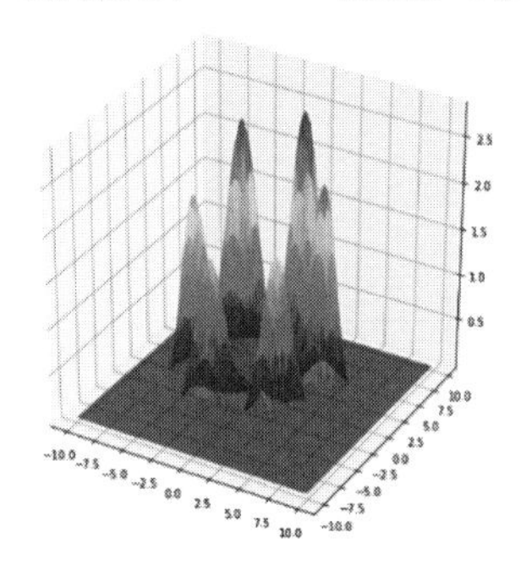

図 3.3.5　最大化問題

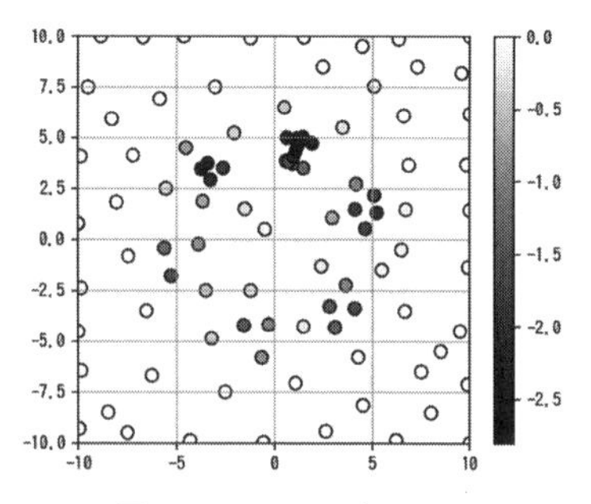

図 3.3.6　サンプリング

まず、1〜3 行目で今回の計算に必要なモジュール（ライブラリ）をインポートしている。6〜10 行目でリスト型の変数 xy を引数とし、xy に具体的な値を代入した時の式 3-4-1 を返す関数 func を、14〜17 行目で設計変数のタイプや制約条件を定義している。19〜22 行目でベイズ最適化の問題を扱うインスタンスを生成している。生成時に初期計算としてラテン超方格サンプリングで 20 回の計算が実施される。その後、24 行目でベイズ最適化の 80 回分のループ計算を実行している。26、27 行目で結果を表示している。

図 3.3.6 にベイズ最適化により探索した x、y の値と最適化値を示す。GpyOpt では最大化問題を −1 倍して最小化問題として

取り扱うため、負の値となっているが、設計空間全体を万遍なく探索し、かつ、最適解付近を重点的に探索していることがわかる。

Code 1　GPyOpt Minimum code

```
1  import GPyOpt
2  import numpy as np
3  from numpy.random import seed
4
5
6  def func(xy):
7      x, y = xy[0]
8      return np.exp(
9          -(5**2-(x**2+y**2))**2/200 + y/20) *¥
10         (6./5+np.sin(6*np.arctan2(x, y)))
11
12
13 seed(1)
14 bounds = [{'name': 'x0', 'type': 'continuous',
15            'domain': (-10, 10)},
16           {'name': 'x1', 'type': 'continuous',
17            'domain': (-10, 10)}]
18
19 myBopt = GPyOpt.methods.BayesianOptimization(
20     f=func, domain=bounds,
21 initial_design_numdata=20,
22     initial_design_type="latin", maximize=True)
23
24 myBopt.run_optimization(max_iter=80)
25
26 print("max_value{}, @ x,y={}".format(
27     myBopt.fx_opt,  myBopt.x_opt))
```

3.3.6　分岐管における圧力損失最小化問題

ベイズ最適化をCAEの最適化問題に適用させた事例として出口圧力の異な

る分岐管において、等しく流量を分配しつつ最も圧力損失の小さな形状の探索を行ったものを示す。

【最適化問題】

圧力の異なる2つの出口から流出する流量を均等にし、入口の圧力を最小化する2次元分岐管の圧力損失最小化問題を考える。計算に用いたツールを**表3.3.1**に示す。

分岐管を含む空間を25ケのモーフィング格子で分割し、それぞれ2方向に変化させることのできる4カ所のモーフィングポイントを設計変数（合計8変数）とし、目的関数、制約条件及び設計変数については、式(3.3.3)、(3.3.4)、(3.3.5)に示す。

$$\text{Minimize：}\quad \frac{p_{inlet}}{\rho}+1000\cdot(2.5-U_{youtlet2})^2 \tag{3.3.3}$$

$$\text{Subject to：}\quad -1.0\leq x\leq 1.0 \tag{3.3.4}$$

$$x=[p_{0x}, p_{0y}, p_{1x}, p_{1y}, p_{2x}, p_{2y}, p_{3x}, p_{3y}] \tag{3.3.5}$$

CFDの条件として、非圧縮定常流れ計算にて収束判定をせずに1000 stepの

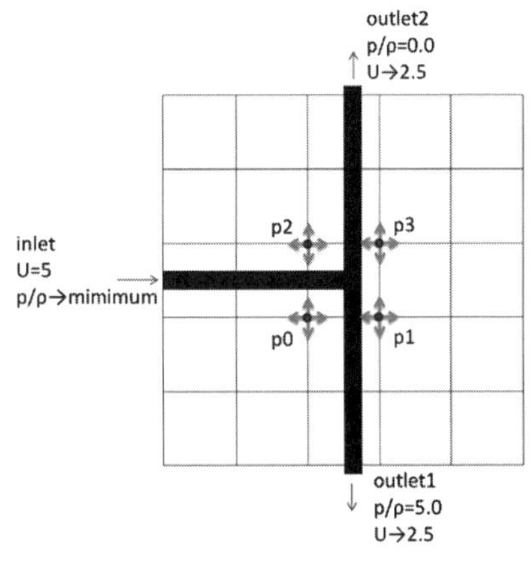

図3.3.7　Morphing grid.

表3.3.1　使用したソフト

Calculation	Software	version
CFD	OpenFOAM	v1806
Morphing	PyGeM	1.1
Automation	PyFoam	0.6.9
Bayesian Optimization	GPyOpt	1.2.1

イタレーションを行い、入口圧力・出口流速を取得している。またメッシュモーフィングにおいても変形後のメッシュ品質チェックも行わないため、劣悪なメッシュ品質やイタレーション不足による計算の発散、未収束も発生する。そのため、設計空間に多くの欠損値が含まれる最適化問題となっている。最適化イタレーションは 200 回でその内、始め 20 回はラテン超方格サンプリングとする。今回同じ最適化問題を 10 回繰り返し、ベイズ最適化の効率性も評価する。

【最適化結果】

ベイズ最適化によって得られた最適化解と準最適解の一例を**図 3.3.8** に示す。ベイズ最適化に限った話ではないが、最適解、及び準最適解を分析することで、最適解として必要な物理的特徴を読み取ることができる。今回の場合、左側から入った流体を上下 2 つの出口に等配するためには、出口圧力の高い下出口に流れやすくする必要がある。これに対して最適解・準最適解は、入口－分岐部－下出口の角度が大きい共通の特徴を持っている。さらに最適解・準最適解の形状を比較することで、できるだけ圧力損失を小さくなるように急カーブをなくす方がよいことがわかる。このように最適解の結果のみならず、準最適解も含めた最適化結果の分析から、最適解たる物理的な意味を理解することも重要である。今回のベイズ最適化の最適解は物理的にも説明可能な最適化結果になっており、妥当な解だと言える。

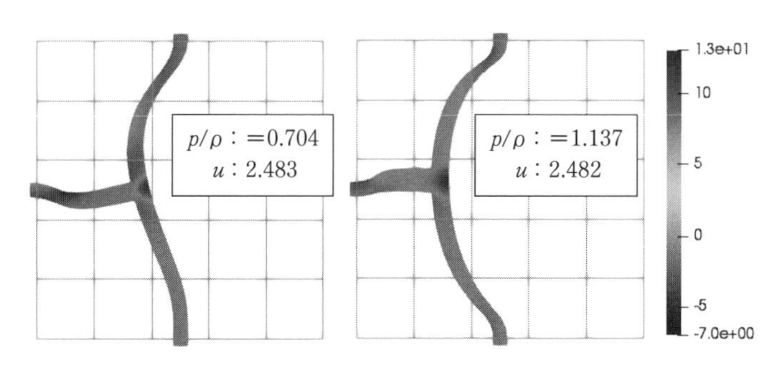

図 3.3.8　最適化結果（左：最適解、右：準最適解）

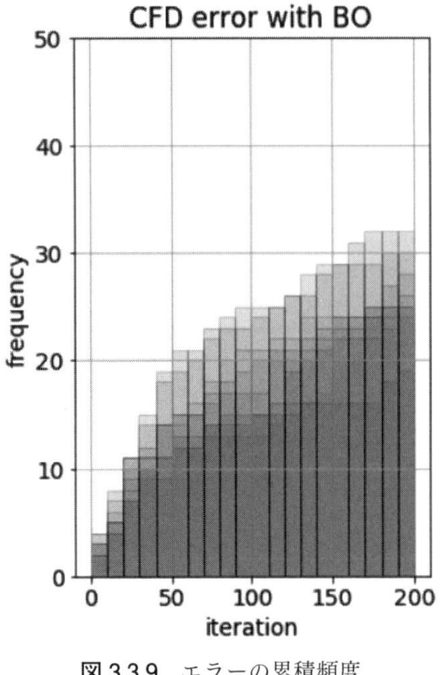

図 3.3.9　エラーの累積頻度

次に、ベイズ最適化の効率について考察する。先に記載した通り、本最適化問題は設計空間に多くの欠損値を含む最適化問題となっている。このことを踏まえ、異なる初期サンプリング（ランダムシードを変えたラテン超方格サンプリング）で同じ最適化計算を行ったときの、欠損値に遭遇した回数（エラーの累積頻度）を**図 3.3.9** に示す。

最適化イタレーション 50 回程度まではエラー累積頻度は線形的に増加しているが、イタレーションが進むにつれエラーの累積頻度の増加が抑えられている。これは、内部の回帰モデル（ガウス過程回帰）が欠損値も学習しているためであり、設計空間内の欠損値を回避しながら最適解を効率的に探索していることを示している。つまりベイズ最適化は、非最適解も考慮しながら最適解を目指す手法と言える。

3.3.7　アーメッドボディの抗力最小化

ベイズ最適化を CAE の最適化問題に適用させた別の事例として、アーメッドボディの抗力最小化の事例を示す。本事例では最適化のみならず、最適化後に追加計算を行い、回帰モデルを構築している。

【最適化問題】

自動車の形を簡素に模した車体モデルであるアーメッドボディに作用する抗

力を最小化する。設計変数は後部のスラントアングルであり、メッシュモーフィングにより形状を変更する。そのためメッシュのトポロジーは同一である。なお、本計算で用いる計算モデルは、「OpenFOAM workshop 2016 Dakota–OpenFOAM® training tutorial」にて公開されているモデルである。CFD の条件としては分岐管の事例同様、非圧縮定常流れ計算にて収束判定をせずに 1000 step のイタレーションを実行している。乱流モデルについては、k–omegaSST を用い、境界条件については、**図 3.3.10** に示す通り、流入境界の inlet、圧力境界の outlet、壁である ground、その以外の sides、top は対称境界としている。

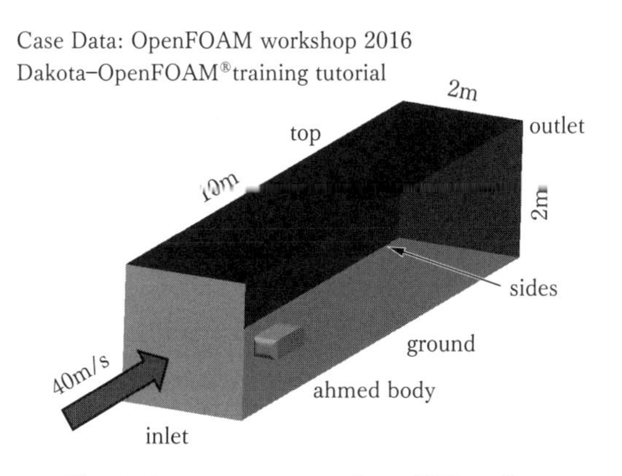

図 3.3.10　アーメッドボディ　簡易モデル

今回設計変数が 1 つであるため、最適化イタレーションは 35 回でそのうち、始め 5 回はラテン超方格サンプリングとする。目的関数、制約条件及び設計変数については、式(3.3.6)、(3.3.7)に示す。

$$\text{Minimize：}\quad C_d \text{ on ahmed body} \tag{3.3.6}$$

$$\text{Subject to：}\quad 0 \leq x \leq 34 \tag{3.3.7}$$

設計変数であるスラントアングルとは、車体後方の傾斜角のことであり、設計変数を 0、20、34° と変化させたときの解析領域中央断面を**図 3.3.11** に示す。

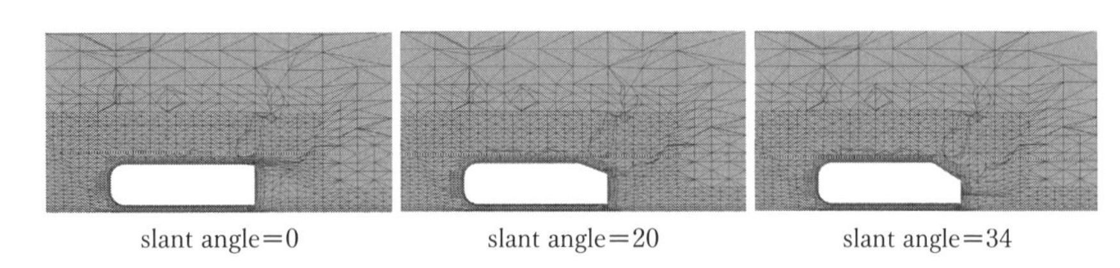

図 3.3.11　解析領域とメッシュ分割

【最適化結果】

最適解の流れ場と最適解が得られた時の回帰モデル、獲得関数を**図 3.3.12** に示す。通常、アーメッドボディで抗力最小となる $x=10°$ 付近と知られているが、今回のメッシュでは $x=5.0°$ が抗力最小となる結果であった。

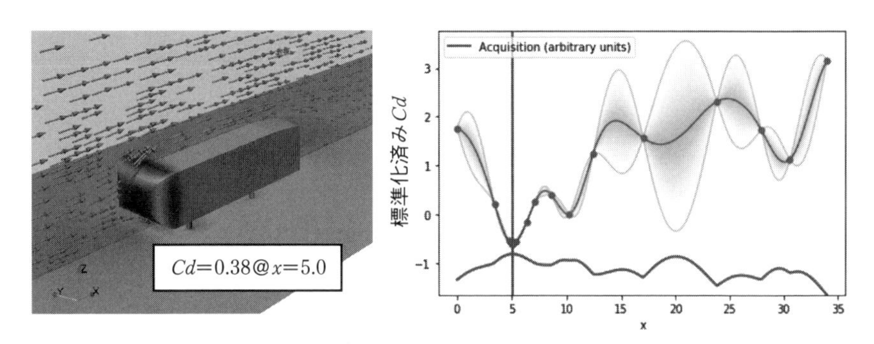

図 3.3.12　解析結果と回帰モデル・獲得関数

【回帰モデルの活用】

図 3.3.12 の右図の回帰モデルは $x=20$ 付近で回帰モデルとしての不確かが大きく、一般的な回帰モデルとしての精度は悪い。この状態から不確かさを最小とするベイズ最適化を行うことで、回帰モデルの精度を上げることができる。

具体的には、回帰モデルの不確かさ（分散）の大きな点を次の計算点となるように獲得変数を次のように変更する。

$$x_t = \mathrm{argmax}\{w_t \cdot \sigma_{t-1}(x)\} \tag{3.3.8}$$

初期状態を図 3.3.12 右図としたときの、追加で 9 回の計算を行ったときの結果を**図 3.3.13** に示す。回帰モデルの不確かさは当然減少していくが、精度を表す二乗平均平方根誤差 RMSE も狙い通りイタレーションを重ねるごとに減少しており、追加計算を行うことで最適解付近以外のパラメータ変化を回帰モデルとして把握することができる。

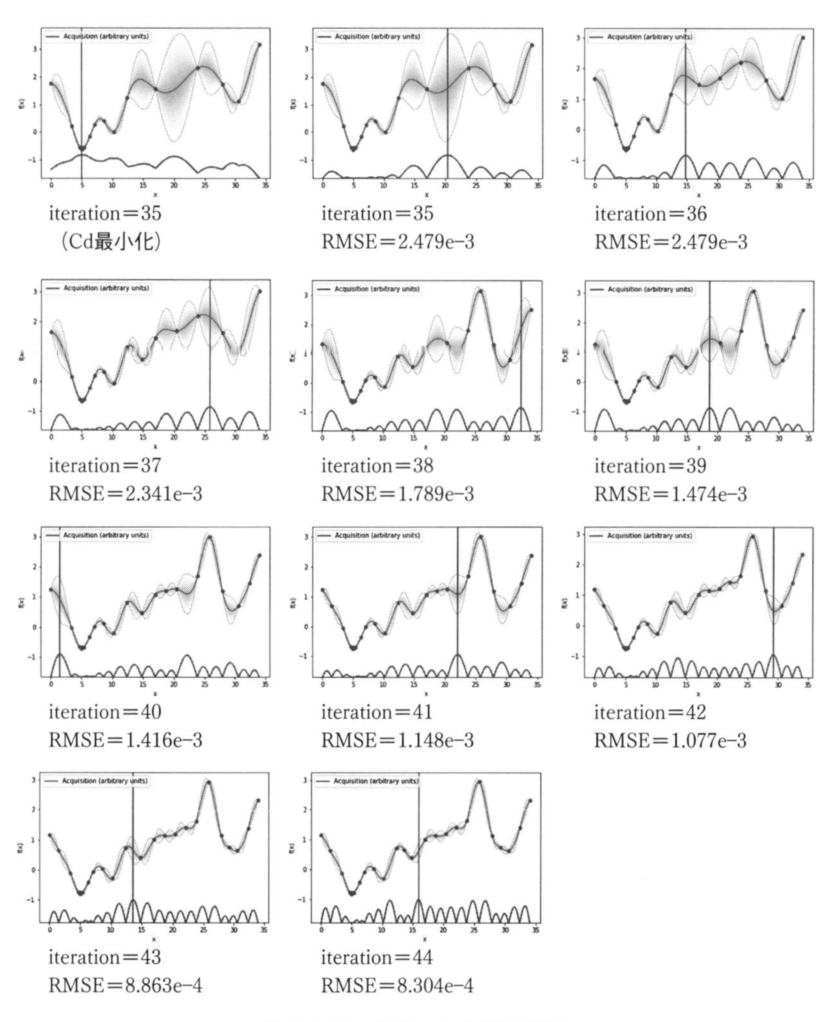

図 3.3.13　条件による収束状況

3.4　補足資料（各種問題に対するPythonプログラム）

3.4.1　Pythonの実行環境（Anaconda, Google Colaboratory）

Python の実行環境としては、手元の PC に環境構築する方法、クラウドサーバを活用する方法に大別される。

(1)　Anaconda 実行環境：

PC に環境構築する方法として、Anaconda をインストールする方法が最も一般的である。Anaconda は科学計算で使用する様々なパッケージをコンパイル済みの形式で提供・管理プラットフォームであり、様々な OS で動作する上、仮想環境の構築・管理も可能である。2020 年 4 月 30 日以降、リポジトリの商用利用が有償になっており、利用には注意が必要。

(2)　Google Colaboratory 実行環境：

一方、Google が無料で提供しているクラウドサーバ上の Python 実行環境 Colaboratory を使う場合、利用時間の制約はあるもののユーザは環境構築することなく、TPU や GPU を使った計算環境を利用でき、インターネットブラウザ上から Python を実行できる（Google のアカウントは必要)。

Google Colaboratory には TensorFlow をはじめ、科学計算・機械学習に必要な様々なパッケージがプリインストールされた充実した環境になっているが、さらに外部のパッケージを追加でインストールすることも可能である。

3.4.2 Pythonによる４層NN（512、256）モデルのプログラム

```
import keras                # 4 Layer Suurogate Model Program
import numpy as np
import pandas as pd
from keras.models import Sequential
from keras.layers import Dense
from keras.datasets import boston_housing
(X_train, y_train), (X_test, y_test) = boston_housing.load_
data()

#トレーニングデータの正規化
X_train_mean = X_train.mean(axis=0)
X_train_std = X_train.std(axis=0)
X_train -= X_train_mean
X_train /= X_train_std
y_train_mean = y_train.mean()
y_train_std = y_train.std()
y_train -= y_train_mean
y_train /= y_train_std           # Normalized label value
#テストデータの正規化
X_test -= X_train_mean
X_test /= X_train_std
y_test -= y_train_mean
y_test /= y_train_std

Min1 = 512
Min2 = 256
model = Sequential()                        #　４層ＮＮの設定
model.add(Dense(Min1, activation='relu', input_shape=(X_train.
shape[1],)))
model.add(Dense(Min2, activation='relu'))     #　３層の場合は削除
model.add(Dense(1))
model.summary()
model.compile(optimizer='adam',  loss='mse',  metrics=['mae'])
```

```
# Display training progress by printing a single dot for each
completed epoch.
class PrintDot(keras.callbacks.Callback):
  def on_epoch_end(self,epoch,logs):
    if epoch % 100 == 0: print('')
    print('.', end='')

EPOCHS = 200
# Store training stats
history = model.fit(X_train, y_train,     #トレーニングデータ
                    epochs=EPOCHS,           #エポック数の指定
                    validation_split=0.,  #train dataを学習に使う
                    verbose=1,              #ログ出力の指定
                    callbacks=[PrintDot()])

score = model.evaluate(X_test, y_test, verbose=1)    # test data
print('Number of Layers: 4,  ', 'Mid Layer1:', Min1,'  Mid
Layer2:', Min2,
 '  Epochs:', EPOCHS)
print('Test loss:', score[0])
print('Test accuracy:', score[1])

import matplotlib.pyplot as plt
def plot_history(history):
  plt.figure()
  plt.xlabel('Epoch')
  plt.ylabel('Mean Abs Error [1000$]')
  plt.plot(history.epoch,10*np.array(history.history['mean_
absolute_error']),
           label='Train Loss')
  plt.legend()
  plt.ylim([0,10])
plot_history(history)
```

3.4.3 LightGBMによる回帰モデル及び各種グラフ・プロット

```
## Boston-Housing Data LightGBM regression model
import os, glob
import pandas as pd
import numpy as np
import scipy as sp
from sklearn.model_selection import train_test_split
from sklearn.metrics import r2_score
from sklearn.metrics import mean_squared_error

import lightgbm as lgbm
import matplotlib.pyplot as plt
import seaborn as sns
import time
Import keras
from keras.datasets import boston_housing
column_names = ['CRIM', 'ZN', 'INDUS', 'CHAS', 'NOX', 'RM',
'AGE', 'DIS',
         'RAD','TAX', 'PTRATIO', 'B', 'LSTAT']
Ycolumn_name = ['PRICE']

t_start = time.time()      #学習時間の計測開始
(X_df, Y_df), (Xdf_test, Ydf_test) = boston_housing.load_data()
Xdf = pd.DataFrame(X_df, columns=column_names)
Ydf = pd.DataFrame(Y_df, columns=Ycolumn_name)
Xdftest = pd.DataFrame(Xdf_test, columns=column_names)
Ydftest = pd.DataFrame(Ydf_test, columns=Ycolumn_name)

X_train = X_df
y_train = Y_df
X_test = Xdf_test
y_test = Ydf_test
yabs = y_train     # Initial absolute label value
ytest_abs = y_test # initial absolute test label
```

```
#トレーニングデータの正規化
X_train_mean = X_train.mean(axis=0)
X_train_std = X_train.std(axis=0)
print('X_train_mean', X_train_mean, ' X_train_std', X_train_
std)
X_train -= X_train_mean
X_train /= X_train_std
y_train_mean = y_train.mean()
y_train_std = y_train.std()
y_train -= y_train_mean
y_train /= y_train_std                # Normalized label value
#テストデータの正規化
X_test -= X_train_mean
X_test /= X_train_std
y_test -= y_train_mean
y_test /= y_train_std

## LightGBM のハイパーパラメータ
params = {'objective' : 'regression', 'learning_rate' : 0.1,
'max_depth' : -1,
      'num_leaves': 9, 'metric': ('rmse'), 'drop_rate': 0.15,
'verbose': 0 }

def my_r2_score(preds, data):
y_true = data.get_label()
  y_pred = np.where(preds < 0, 0, preds)
  R2 = r2_score(y_true, y_pred)         ## 決定係数R2
  return 'R2', R2, True

lgbm_dataset_train = lgbm.Dataset(X_train, y_train)  # Data Set
lgbm_dataset_test = lgbm.Dataset(X_test, y_test,
             reference=lgbm_dataset_train)       # Test Data Set

evaluation_results = {}
model = lgbm.train( params, lgbm_dataset_train,  num_boost_
round=1000,
```

```
        early_stopping_rounds=200,  valid_sets = [lgbm_dataset_
train, lgbm_dataset_test],
        valid_names = ['train', 'test'],  feature_name =
list(column_names),
        evals_result = evaluation_results,  feval = my_r2_score,
verbose_eval= 50  )

t_end = time.time()             #学習時間の計測終了
elapsed_time = t_end - t_start
print('\n learning time', elapsed_time, '(sec) \n')

my_fontsize = 16
fig = plt.figure(figsize=(6,6))
ax = lgbm.plot_metric(evaluation_results, metric='rmse',
     ylabel='root_mean_squared_error')
plt.show()

fig = plt.figure(figsize=(6,6))
train_metric_r2 = evaluation_results['train']['R2']
test_metric_r2 = evaluation_results['test']['R2']
ax = fig.add_subplot(1,1,1)
ax.set_title('Metric during training', fontsize=my_fontsize)
ax.set_xlabel('Iterations', fontsize=my_fontsize)
ax.set_ylabel('R2', fontsize=my_fontsize)
ax.set_ylim(0.1 , 0.7)                    ### R2 expand plot
ax.plot(train_metric_r2, label='train', c='royalblue', lw=3)
ax.plot(test_metric_r2, label='test', c='orange', lw=3)
ax.tick_params(labelsize=my_fontsize)
plt.grid()
plt.legend(loc='best', numpoints=1, fontsize=my_fontsize)
plt.show()

t_start_predict = time.time()   #推論時間の計測開始
y_test_predict = model.predict(X_test)
t_end_predict = time.time()     #推論時間の計測終了
elapsed_time_predict = t_end_predict - t_start_predict
print('\n predicting time', elapsed_time_predict, '(sec) \n')
```

```
#予測値と真値を描写する関数
def True_Pred_map(pred_df):
    RMSE = np.sqrt(mean_squared_error(pred_df['true'], pred_
df['pred']))
    R2 = r2_score(pred_df['true'], pred_df['pred'])
     plt.figure(figsize=(8,8))
     ax = plt.subplot(111)
     ax.set_title('Test vs Predict in test data set', fon-
tsize=my_fontsize)
    ax.scatter('true', 'pred', data=pred_df)
    ax.set_xlabel('True Value', fontsize=15)
      ax.set_ylabel('Pred Value', fontsize=15)
     ax.set_xlim(pred_df.min().min()-0.1 , pred_df.max().
max()+0.1)
     ax.set_ylim(pred_df.min().min()-0.1 , pred_df.max().
max()+0.1)
     x = np.linspace(pred_df.min().min()-0.1, pred_df.max().
max()+0.1, 2)
     y = x

      ax.plot(x,y,'r-')
     plt.text(0.1, 0.9, 'RMSE = {}'.format(str(round(RMSE,
5))),
                                           transform=ax.
transAxes, fontsize=15)
     plt.text(0.1, 0.8, 'R^2 = {}'.format(str(round(R2, 5))),
                                           transform=ax.
transAxes, fontsize=15)

y_test_predict *= y_train_std              #絶対値への変換
y_test_predict += y_train_mean           #絶対値への変換
ytest_abs *= y_train_std                  #絶対値への変換
ytest_abs += y_train_mean               #絶対値への変換

print('True vs Predict in test data set')
preddf = pd.concat([pd.Series(ytest_abs), pd.Series(y_test_pre-
```

```
dict)], axis=1)
preddf.columns = ['true', 'pred']
print('preddf', preddf)
preddf.head()
True_Pred_map(preddf)  #検証データの予測値と真値の比較

## 特徴量の重要度表示(split, gain)
print('\n', 'Features ', column_names, '\n')
fig = plt.figure(figsize=(6,6))
importance_df = pd.DataFrame(model.feature_importance(impor-
tance_type= 'split'),
index=list(column_names), columns=['importance'])
sorted_importance_df = importance_df.sort_values(by='impor-
tance', ascending=False)
print(sorted_importance_df)

##要素別重要度プロット#importance_type='split'(default)
ax = lgbm.plot_importance(model, max_num_features=10,
color='orange',
 importance_type='split', xlabel='Feature value', ylabel='',
precision=0,
title='important factor    split')
plt.show()

importance_df_g = pd.DataFrame(model.feature_importance(impor-
tance_type ='gain'),
index=list(column_names), columns=['importance'])
sorted_importance_df_g = importance_df_g.sort_values(by='impor-
tance', ascending=False)
print(sorted_importance_df_g)

##要素別重要度プロット  #importance_type='gain'
ax = lgbm.plot_importance(model, max_num_features=10,
color='orange',
importance_type='gain', xlabel='Feature value', ylabel='',
precision=0,
title='important factor    gain')
```

```
plt.show()

##ツリーのプロット
ax = lgbm.plot_tree(model, tree_index=49, figsize=(40,40),
show_info=['split_gain'])
plt.show()
```

3.4.4 PythonによるPOD及びSVDを用いた縮約モデル作成プログラム

```
import tensorflow.compat.v1 as tf
import numpy as np
import matplotlib as mpl
import matplotlib.pyplot as plt
from numpy import dot
from numpy import pi, cos, sqrt
from numpy.linalg import svd, matrix_rank
from scipy.linalg import eigh
from scipy.integrate import solve_ivp
import pandas as pd
import io
# show upload dialog
from google.colab import files
uploaded = files.upload()   ### 個人PC上のファイルの読み込み
data = pd.read_csv(io.StringIO(uploaded['sample2.csv'].
decode('utf-8')), header=None)
print('\ndata\n', data)

x = np.linspace(0,9.6, 193)
y1 = data[1:2][:]                ###  node 2  plot
y2 = data[8:9][:]                ###  node 9
y3 = data[11:12][:]              ###  node 12
y6 = data[65:66][:]              ###  node 66
y8 = data[109:110][:]            ###  node 110
y9 = data[112:113][:]            ###  node 113
```

```
y11 = data[118:119][:]             ###  node 119
fig = plt.figure(figsize=(10,6))
ax = fig.add_subplot(111)
ax.set_title('Transient Displacement for several nodes
(Original Data)')
ax.plot(x, y1.T, label='node 2')
ax.plot(x, y3.T, label='node 12')
ax.plot(x, y6.T, label='node 66')
ax.plot(x, y8.T, label='node 110')
ax.plot(x, y9.T, label='node 113')
ax.plot(x, y11.T, label='node 119')
ax.set_xlabel('time (sec)')
ax.set_ylabel('displacement (mm)')
ax.legend()
plt.show()
print()
# データ行列の平均と原点中心への変換
u_ave = np.average(data.T, axis=0)# 列方向平均:空間平均値
u_aveT = np.average(data, axis=0) # 行方向平均:時間平均値
X = data - u_ave.reshape(len(u_ave), 1) ### 原点中心vector
XT = data.T - u_aveT.reshape(len(u_aveT), 1)  #同上

# 固有直交分解(POD)のための固有値問題を解く
R = (X).dot(X.T)      ### n<t  => XXT(n,n)
R2 = (X.T).dot(X)     ### n>t  => XTX(t,t)  snapshotPOD
val, vec = eigh(R)     ###  R :  n<t  => XXT(n,n)
val2, vec2 = eigh(R2) ## R2: n>t => XTX(t,t) snapshotPOD
# eighの戻り値は昇順なので逆順にして降順にする
val = val[::-1]            ### n<t  => XXT(n,n)
vec = vec[:, ::-1]         ### n<t  => XXT(n,n)
val2 = val2[::-1]      ##Eigenvalues: XTX(t,t) snapshotPOD
vec2 = vec2[:, ::-1] ##Eigenvectors: XTX(t,t) snapshotPOD

# 固有値と固有モードの選択、基底ベクトル(phi, psi)の計算と表示
rr = 6                      ### 固有値プロット時の個数
r = 4                       ### 固有ベクトルプロット時の個数
xrr = np.linspace(0, rr, rr)
```

```
yval = val[:rr]      ###  eigen values rr 個  n<t XXT(n,n)
yval2 = val2[:rr]    ###  eigen values rr 個  n<t XTX(t,t)
fig = plt.figure(figsize=(10, 6))
ax = fig.add_subplot(111) ###固有値プロットsnapshot POD
ax.set_title('Eigenvalues for POD : 1 to 6')
#ax.plot(xrr, yval, label='eigen value for XXT')
ax.plot(xrr, yval2, label='eigen value for XTX')
ax.set_xlabel('eigen value number')
ax.set_ylabel('eigen value')
ax.legend()
plt.show()
print()
xv = np.linspace(1,120, 120)
yvec = vec[:,:r]         ###  上位からr個の固有ベクトルのプロット
yave = u_ave.reshape(len(u_ave), 1)
yv1 = yvec[:,0:1]            ###  vector No.1
yv2 = yvec[:,1:2]            ###  vector No.2
yv3 = yvec[:,2:3]            ###  vector No.3
yv4 = yvec[:,3:4]            ###  vector No.4
fig = plt.figure(figsize=(10,6))
ax = fig.add_subplot(111)
ax.set_title('Eigenvectors for 1-4: POD for XXT(n,n)')
ax.plot(xv, yv1, label='XXT No.1')
ax.plot(xv, yv2, label='XXT No.2')
ax.plot(xv, yv3, label='XXT No.3')
ax.plot(xv, yv4, label='XXT No.4')
ax.set_xlabel('node number')
ax.set_ylabel('eigen vector')
ax.legend()
plt.show()
print()
xv2 = np.linspace(0,9.6, 193)
yvec2 = vec2[:,:r]   ### 上位からr個の固有ベクトルのプロット
y2ave = u_aveT.reshape(len(u_aveT), 1)
yv21 = yvec2[:,0:1]          ###  vector No.1
yv22 = yvec2[:,1:2]          ###  vector No.2
yv23 = yvec2[:,2:3]          ###  vector No.3
```

```
yv24 = yvec2[:,3:4]          ###  vector No.4
fig = plt.figure(figsize=(10,6))
ax = fig.add_subplot(111)
ax.set_title('Eigen vectors for 1 to 4 : snapshot POD')
#ax.plot(xv2, y2ave, label='XTX uaveT')
ax.plot(xv2, yv21, label='XTX No.1')
ax.plot(xv2, yv22, label='XTX No.2')
ax.plot(xv2, yv23, label='XTX No.3')
ax.plot(xv2, yv24, label='XTX No.4')
ax.set_xlabel('time (sec)')
ax.set_ylabel('eigen vector')
ax.legend()
plt.show()
print()
# 固有直交分解(POD)のための基底ベクトル(phi:φ)の計算とプロット
vn = vec[:,:r]/sqrt(val[:r])  ### n<t  => XXT (n,n)
phi = (X.T).dot(vn)          ###   基底ベクトル(phi)の計算
phi11 = phi.T              ###   基底ベクトルPhi1のプロット用
yp11 = phi11[0:1][:]          ###  Phi vector No.1
yp12 = phi11[1:2][:]          ###  Phi vector No.2
yp13 = phi11[2:3][:]          ###  Phi vector No.3
yp14 = phi11[3:4][:]          ###  Phi vector No.4
fig = plt.figure(figsize=(10,6))
ax = fig.add_subplot(111)
ax.set_title('Basis vectors for 1 to 4: normal POD (XXT)')
ax.plot(xv2, yp11.T, label='Phi No.1')
ax.plot(xv2, yp12.T, label='Phi No.2')
ax.plot(xv2, yp13.T, label='Phi No.3')
ax.plot(xv2, yp14.T, label='Phi No.4')
ax.set_xlabel('time (sec)')
ax.set_ylabel('Basis vector')
ax.legend()
plt.show()

# 固有直交分解基底ベクトル(psi:ψ)の計算とプロットsnapshot POD
vn2 = vec2[:,:r]/sqrt(val2[:r])  ### n>t => XTX (t,t)
phi2 = X.dot(vn2)           ###   基底ベクトル(psi)の計算
```

```
phi22 = phi2.T                  ###   基底ベクトルPhiのプロット用
yp21 = phi22[0:1][:]            ###  Psi vector No.1
yp22 = phi22[1:2][:]            ###  Psi vector No.2
yp23 = phi22[2:3][:]            ###  Psi vector No.3
yp24 = phi22[3:4][:]            ###  Psi vector No.4
fig = plt.figure(figsize=(10,6))
ax = fig.add_subplot(111)
ax.set_title('Basisvectors for 1to4: snapshot POD (XTX)')
ax.plot(xv, yp21.T, label='Psi No.1')
ax.plot(xv, yp22.T, label='Psi No.2')
ax.plot(xv, yp23.T, label='Psi No.3')
ax.plot(xv, yp24.T, label='Psi No.4')
ax.set_xlabel('node number')
ax.set_ylabel('Basis vector')
ax.legend()
plt.show()
print()

### singular value decomposition [SVD] <特異値分解>###(full_
matrices=Falseの場合)
u, sv, vh = svd(X, full_matrices=False)
### u:左特異行列,sv:特異値,vh:右特異行列
sv2 =sv**2            ### sv2: λ: eigenvalues from SVD
r = 10               ### r: 特異値(σ)、固有値(λ)の数
print('\nSVD result  (full_matrices: False)')
print('singular values:', sv[:r])
print('Sum of Sval SVD', sum(sv))
print('Sum of Sval & ratio:', r, sum(sv[:r]), sum(sv[:r])/
sum(sv))     ## σの累積寄与率
print("Eigenvalues from SVD", sv2[:r])
print('Sum of Eval SVD', sum(sv2))
print('Sum of Eval & ratio:', r, sum(sv2[:r]), sum(sv2[:r])/
sum(sv2))   ## λの累積寄与率

# 特異値分解(SVD)からの復元
X_re = (u @ np.diag(sv) @ vh)        ### 全特異値を用いた復元
data_re = X_re + u_ave.reshape(len(u_ave),1) #+平均復元
```

```
ur = u[:,:r]
vhr = vh[:][:r]
svr = sv[:r]
X_re_SVD = (ur @ np.diag(svr) @ vhr) #  r個の特異値による復元
XT_re = X_re_SVD + u_ave.reshape(len(u_ave), 1)
print('\nreconstucted Data from full SVD\n', data_re)
print('\nreconstructed XT_re\n', XT_re)

y1 = data[1:2][:]           ###  node 2  plot
u1 = XT_re[1:2][:]          ###  node 2 recovered by SVD
y2 = data[8:9][:]           ###  node 9
u2 = XT_re[8:9][:]          ###  node 9 recovered by SVD
y3 = data[11:12][:]         ###  node 12
u3 = XT_re[11:12][:]        ###  node 12 recovered by SVD
y6 = data[65:66][:]         ###  node 66
u6 = XT_re[65:66][:]        ###  node 66 recovered by SVD
y8 = data[109:110][:]       ###  node 110
u8 = XT_re[109:110][:]      ###  node 110 recovered by SVD
y9 = data[112:113][:]       ###  node 113
u9 = XT_re[112:113][:]      ###  node 113 recovered by SVD
y11 = data[118:119][:]      ###  node 119
u11 = XT_re[118:119][:]     ###  node 119 recovered by SVD
fig = plt.figure(figsize=(10,6))
ax = fig.add_subplot(111)
ax.set_title('Transient Displacement by SVD 10 singular val-
ues')
ax.plot(x, y1.T, label='node 2')
ax.plot(x, u1.T, label='node 2 SVD')
ax.plot(x, y2.T, label='node 9')
ax.plot(x, u2.T, label='node 9 SVD')
ax.plot(x, y3.T, label='node 12')
ax.plot(x, u3.T, label='node 12 SVD')
ax.plot(x, y6.T, label='node 66')
ax.plot(x, u6.T, label='node 66 SVD')
ax.plot(x, y8.T, label='node 110')
ax.plot(x, u8.T, label='node 8 SVD')
ax.plot(x, y9.T, label='node 113')
```

```
ax.plot(x, u9.T, label='node 113 SVD')
ax.plot(x, y11.T, label='node 119')
ax.plot(x, u11.T, label='node 119 SVD')
ax.set_xlabel('time (sec)')
ax.set_ylabel('displacement (mm)')
ax.legend()
plt.show()
```

3.4.5 ベイズ最適化のためのPythonプログラムソースコード集

図3.4.1の作り方

```
 1  import numpy as np
 2  import matplotlib.pyplot as plt
 3  from mpl_toolkits.mplot3d import Axes3D
 4
 5
 6  def objfunc(xy):
 7      x, y = xy
 8      return -np.exp(
 9          -(5.**2.-(x**2+y**2))**2./200. + y/20.) * ¥
10          (6./5+np.sin(6*np.arctan2(x, y)))
11
12
13  X, Y = np.mgrid[-10:10:0.1, -10:10:0.1]
14  Z = objfunc([X, Y])
15
16  fig = plt.figure(figsize=(9, 9))
17  ax = fig.add_subplot(111, projection='3d')
18  surf = ax.plot_surface(X, Y, Z, cmap='jet', alpha=0.5)
19  plt.show()
```

ベイズ最適化の準備

```
1 %%bash
2 pip install GPyOpt
3 pip install pyDOE
```

第4章

設計の上流から下流まで全プロセスをカバーするこれからのAI・IoT・CAEの概念と日本の製造業への提言

本章では最初に、改めて、拡張CAEとAIおよびその関連技術であるIoTデバイスおよび5G通信技術など、実用化設計で活用するであろうDX（Digital Transfomation）について説明する。次に拡張CAEを活用した製造業におけるAI適用事例と特許取得状況を紹介する。最後に、今後の日本の製造業を担う若手技術者たちへの提言について述べる。

4.1　拡張CAEとAI・IoT関連技術について

4.1.1　拡張CAEの提案

従来CAEと「拡張CAE」の違いについて、**図4.1.1**に示す。モノづくりプロセスのフローはおおまかに、①基本設計、②詳細設計、③生産、④出荷、⑤運用の5ステップに分けられるが、「従来CAE」の適用範囲は、このうちの主に①基本設計、②詳細設計に限定されてきた（図4.1.1の破線矢印）。それに対して、著者らが提案する「拡張CAE」の適用範囲は、モノづくりプロセスの上流から下流まで、すなわち①から⑤までのすべてのステップをカバーすることを目標としている（図4.1.1の実線矢印）。

ステップ①〜②がモノづくりの重要なプロセスではあることは言うまでもないが、企業にとって最重要な利益に直結するステップ③〜⑤にCAE技術を活用することにより、CAE技術者の活躍の場がさらに広がり、また企業への貢献度が向上することが期待される。近年のコロナ禍の状況で、テレワークなどの業務のDX（デジタル・トランスフォーメーション）化が注目を集めているが、上記で述べた「拡張CAE」はモノづくりにおけるDX化を推進するキーコンセプトになると考える。

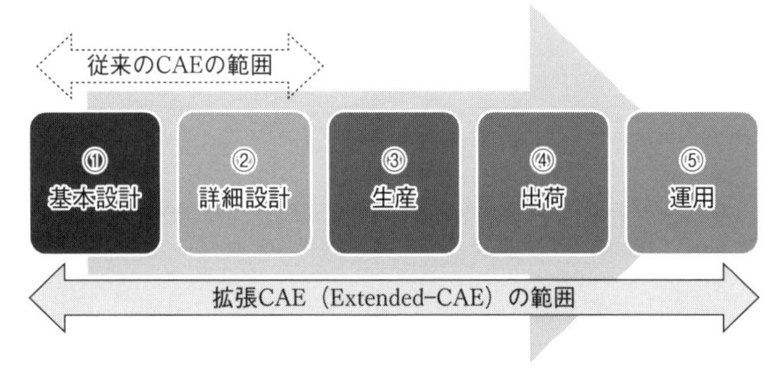

図4.1.1　モノづくりフローにおける従来CAEと拡張CAEの適用範囲

4.1.2　拡張CAEとAIおよび関連する周辺技術について

モノづくりプロセスにおいて拡張CAEとAIの融合を実現するために重要な周辺技術であるIoT、5G技術との相関について**図4.1.2**に示す。同図の上部はクラウドコンピューティング側に対応しており、下部はエッジコンピューティング側に対応している。

AI活用の流れは大まかな手順を以下に示す。

① エッジコンピューティング側において各種IoTデバイスにより情報収集し、そのデータをクラウドコンピューティング側に転送する。

② クラウドコンピューティング側のAIで収集した①のビッグデータから拡張CAEにより理想状態を「学習」し、その学習結果をエッジコンピューティング側に転送する。

③ エッジコンピューティング側のAIで②の学習結果に基づいて「推論」し、IoTデバイスを「推論制御」する。

エッジコンピューティング側では工場内の製造装置、工事現場の建設機械、ドローン等の様々なIoTデバイスが相互に接続されており、それらのIoTデバイスを介して多種多様なデータをリアルタイムに収集し、クラウドコンピューティング側に転送・蓄積する。クラウドコンピューティング側のAIは、蓄積した膨大なビッグデータから前章までに紹介したディープラーニング、ベイズ推論、クラスタリング等の機械学習手法により「学習」をして、モノづくりに関する有効な知見を「学習結果」として蓄積し、エッジコンピューティング側に転送する。そしてエッジコンピューティング側のAIは上記の学習結果に基づいてリアルタイムに「推論制御」し、IoTデバイスを制御することにより、工場・工事現場の品質向上および作業効率向上を実現する。

一般にAIの「学習」プロセスは膨大な計算時間とビックデータを必要とするので、遠隔地のクラウドコンピューティング側で処理するのが現実的であり、一方「推論」プロセスは短時間で処理できるので、現場のエッジコンピューティング側でリアルタイム処理するのが理想的なので、図4.1.2の構成でシステ

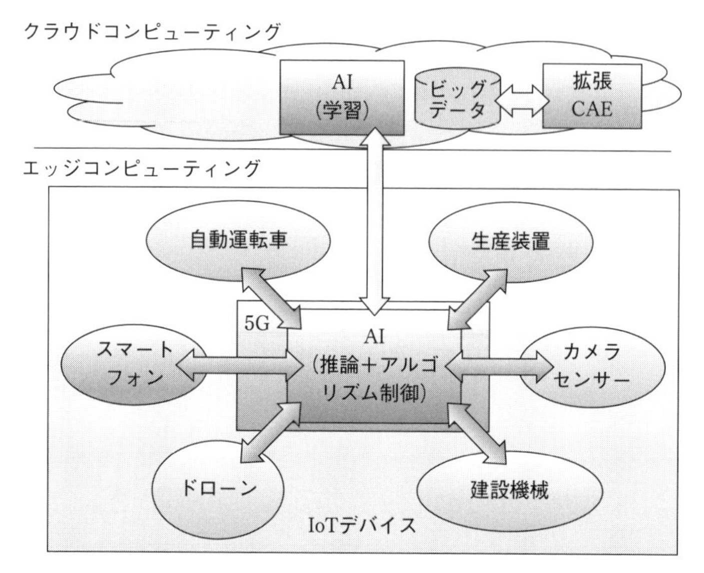

図 4.1.2　AI、IoT、5G 技術の相関図

ムを構築することが理想的である。図 4.1.2 の構成要素について、以下に概要を説明する。

【クラウドコンピューティング】

データやアプリケーション等のコンピュータ資源をネットワーク経由で利用する仕組みのことで、ネットワークでつながるデータセンターと呼ぶ大規模施設に置かれたサーバーやストレージ、各種のソフトウェアなどと連携することで、電子メールやデータ共有などの“サービス”が実現されている。ネットワークにつながったPCやスマートフォンなどにサービスを提供しているコンピュータ環境がクラウドコンピューティングである。

クラウドが提供するサービスは、その構成要素から大きく以下の3種類に分類される。

(1)　IaaS（Infrastructure as a Service）

(2)　PaaS（Platform as a Service）

⑶　SaaS（Software as a Service）

IaaS（“イアース”と読む）は、コンピュータやストレージ、ネットワークなどのハードウェアが提供する機能を提供するサービスである。これを可能にしているのが、物理的なコンピュータ機器を疑似的に分割したり統合したりする「仮想化」の技術である。仮想化によって、利用者の要求に対し、利用するコンピューター資源を自動的に増減できるほか、サービスの提供者にとっても、運用の自動化や効率化を図ることができる。

PaaS（“パース”と読む）は、アプリケーションプログラムを開発・実行するためのツールや環境（＝プラットフォーム）を提供するサービスである。プログラミング環境やデータベースなどの機能をネットワーク経由で利用できるようにする。近年のPaaSには、データ分析やAI（人工知能）などの最新技術が組み込まれるようになっており、新しいビジネスの開発や、少子高齢化に伴う人手不足を解消するための自動化の仕組みの開発などに利用されている。

SaaS（“サース”と読む）は、アプリケーションプログラムが持つ機能を提供するサービスである。業種／業務別アプリケーションから、SNS（Social Networking Service）やメールのようなコミュニケーションツールなどが用意されている。

クラウドはまた、その利用形態によって、①パブリッククラウド、②プライベートクラウド、③ハイブリッドクラウドの３つに分けられる（**図4.1.3**）。

【エッジコンピューティング】

ネットワークに接続するデバイスの数は爆発的に拡大しており、これらのデバイスが生成するデータは指数関数的に増加している。こうした膨大なデバイスやデータを従来のようにクラウドで運用していくためには多大なコストと手間がかかる。また、高いリアルタイム性が求められるアプリケーションや、ビッグデータを扱うサービスは、クラウドコンピューティングで処理しきれず、遅延が発生してしまう課題がある。

こうした課題の解消に向け、近年の技術的トレンドの一つとして「エッジコ

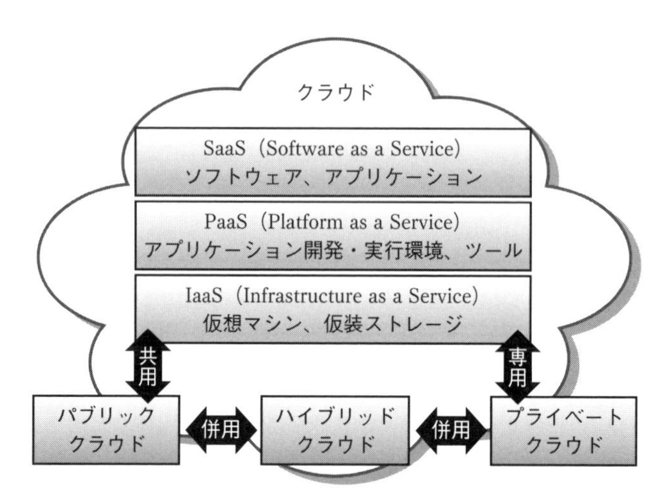

図 4.1.3　クラウドサービスの3つのサービス内容と3つの利用形態
（出典：総務省、情報通信白書（平成30年版）　https://www.soumu.go.jp/johotsusintokei/whitepaper/h30.html）

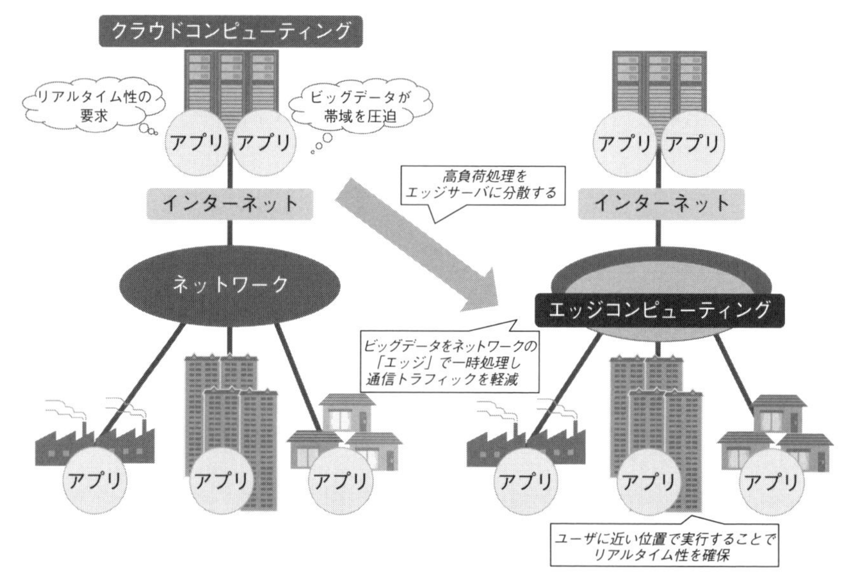

図 4.1.4　エッジコンピューティングのコンセプト
（出典：総務省、情報通信白書（平成28年版）　https://www.soumu.go.jp/johotsusintokei/whitepaper/ja/h28/pdf/index.html）

ンピューティング」があげられる（**図4.1.4**）。エッジコンピューティングとは、従来のクラウドコンピューティングを、ネットワークのエッジ（末端：製造業でいえば、工場などの生産現場のことを指す）にまで拡張し、物理的にエンドユーザーの近くに分散配置するという概念である。ネットワークの「エッジ」とは、通信ネットワークの末端にあたる、外部のネットワークとの境界や、端末などが接続された領域を指す。すなわち、データとその処理をクラウドに集約するのではなく、データが生成される場所に近い部分にアプリケーションを配置することで、より多くのデータを活用し、価値を引き出すことを目的としている。

【IoTデバイス】

IoTシステムを構築する上で重要な役割を果たすデバイスが各種センサであり、IoTを有効に活用するためには、多くのセンサの中から最適のセンサを選択する必要がある。主要なセンサをその測定する物理量で分類した結果を**表4.1.1**に示す。*）

IoTデバイスの数の動向をカテゴリ別にみると、現時点で稼働数が多いのはスマートフォンや通信機器などの「通信」分野であるが、今後はコネクティドカーの普及によりDX化の進展が見込まれる「自動車・輸送機器」、デジタルヘルスケアの市場が拡大している「医療」、スマート工場やスマートシティが拡大する「産業用途（工場、インフラ、物流）」などの分野で高成長が予想されるが、これらはすべて製造業における「モノづくり」に密接に関連しており、今後はCAE技術者もIoTデバイスの特性および活用方法を理解しておくことが望ましい。**）

【ドローン】

ドローンとは人が搭乗しない飛行機のことである。もともとは軍事目的で、20世紀半ばからアメリカで研究・開発されてきたが、最近は民間用、産業用のものが出てきている。類似の製品として昔からラジコンヘリが知られているが、ドローンとラジコンヘリを比べて大きく異なる点が2つある。1つは操作方法

表 4.1.1　測定する物理量によるセンサ分類

物理量	概要
モノ・人の有無、形状、位置など	物体の存在を感知する光電管センサ。光の灯光部と受光部から構成され、その間を通過したモノ・人が光を遮ることで物体の存在を検知する。
圧力、重力、ひずみなど	ひずみセンサ。金属線に変形により電気抵抗が変化する特性を生かして、材料のひずみや伸縮を検出する。
速度、加速度、回転数など	加速度センサ。MEMS の微細加工技術により、XYZ の 3 軸方向の加速度を 1 つのデバイスで測定する。
音声、超音波、振動など	マイクロフォンのピックアップに使用。おもに可聴域の音の振動を磁石とコイルで拾い、オペアンプで増大して電流として出力して音を検知する。
温度、湿度など	温度センサの「サーミスタ」は、温度の変化により電気抵抗が変化する複数の金属を組合せて温度を測定する。バイメタルは線膨張係数の異なる金属を接合して、温度変化による変形状態を検知する。
光・照度（可視光、IR、UV など）	CCD および CMOS イメージセンサ。フォトダイオードを使った受光素子で、光を電荷量に光電変換し電気信号を生成。受光素子を 1 つの画素として受光平面上に多数並べ、光学レンズで画像を結像させる。
電磁気（電流、電圧、電力量、磁界など）	MR センサは磁気により抵抗値が変化する磁気抵抗効果を利用して磁界強度を測定する。
その他（ガス、臭い、味覚、顔、指紋など）	ガス、臭い、味覚などのセンサはそれぞれの発生源となる物質を化学的に検出して検知する。顔および指紋認証には最近の機械学習（ディープラーニング）の技術が活用されている。

*）（出典：“IoT に使われるセンサーの種類とビジネスを生み出す活用事例”、沖電気 HP、https://www.oki.com/jp/iot/doc/2016/16vol_08.html）
* *）（出典：総務省、情報通信白書（平成 30 年度版））

で、ラジコンヘリは実機を目視しながら専用コントローラー（プロポ）で操作するが、ドローンはそれに加えて機体につけたカメラ画像を見ながらスマートフォンで操作したり、GPS （全地球測位システム）を使って自動飛行も可能なものもあり、今後は AI の発展に伴って自動飛行のドローンが増えていくと思われる。2 つめの相違点は形状であり、ラジコンヘリは飛行機やヘリコプターの形状だったが、ドローンの多くはローター（回転翼）を複数（3～5 個）搭載して安定的に移行できるマルチコプター型である。産業利用においては、落下が許されないことが多いので、ローター個数は4個では不十分で（4個のモータのうち1個でも停止すると墜落する）で、今後は6個以上が主流になっていくと思われる。ドローンに小型カメラを取り付けることにより上空からの撮影（空撮）が可能になるほか、災害調査、農薬散布、電線の配線作業など、すでに実用化されている事例も多くある。また通信販売各社は商品の配送にドローンを利用することを計画している。さらに最近は水中ドローンの産業活用も研究されている。

最近の製造分野におけるドローン活用事例を日本初のドローン専用メディアであるDRONE MEDIA（https://dronemedia.jp/）の記事から4件紹介する。詳細は下記HPで確認してほしいが、表題を読むだけでもドローンの工業利用が進んでいる状況が理解できると思う。

1）“A.L.I.がAIエッジコンピューター搭載「AIドローン」を開発”（2019年）
https://dronemedia.jp/ali-develops-ai-drone-equipped-with-ai-edge-computer/
2）“Liberaware、屋内空間点検用ドローンのレンタル事業を開始。点検作業の負担軽減へ”（2019年）
https://dronemedia.jp/liberaware-launches-drone-rental-business-for-indoor-space-inspection/
3）“Liberawareが一酸化炭素検知機搭載ドローンの開発を開始”（2019年）
https://dronemedia.jp/liberaware-launches-development-of-carbon-monoxide-detector-mounted-drone/
4）“アイ・ロボティクス、マイクロ・ドローンを活用した狭隘部点検サービスのデモ実施”（2019年）
https://dronemedia.jp/irobotics-conducted-a-demonstration-of-inspection-service-using-micro-drone/

今後は製造現場にドローンが導入されて、工場内セキュリティの強化や現場測量の自動化が進んでいくことが予想されるので、CAE技術者もその概要を把握しておくことが望ましい。

【通信回線】

AI と IoT デバイスを接続する通信回線は現状まだ 4G が主流だが、日本でもようやく 2020 年春から 5G サービスが開始されており、今後は 5G による通信が主流になる（海外のサービス開始時期は米・韓が 2018 年、中国・欧州が 2019 年で日本よりも先行）。5G は第 5 世代のモバイル・ネットワークの通信規格であり、その要件は以下の 3 点である（**表 4.1.2**）。

表 4.1.2 通信規格 5G の三大要件

要件	略称	適用分野
①高速大容量通信	eMBB (enhanced Mobile BroadBand)	4K/8K ビデオ通信、360 度映像通信
②超高信頼低遅延	URLLC (Ultra-Reliable and Low Latency Communications)	V2X 通信*⁾（自動車との通信）、遠隔操作、遠隔手術、エッジコンピューティング
③大量端末接続	mMTC (massive Machine Type Communications)	多量 IoT デバイスとの同時接続

*⁾ 車車間通信（V2V：Vehicle to Vehicle）、車路間通信（V2I：Vehicle to Infrastructure）、歩行者との通信（V2P：Vehicle to Pedestrain）、ネットワークとの通信（V2N：Vehicle to cellular Network）の総称

一般のマスコミの報道では「スマートフォンが早くなる」、「映画が数秒でダウンロードできる」などの①「高速大容量通信」に注目が集まりがちだが、モノづくりプロセスにおける DX 化を実現するためには、②「超高信頼低遅延」および③「超大量端末接続」がより重要になると思われる。以下の章では、工場内限定の「ローカル 5G」を導入して、ケーブルレス工場や無人工場を実現する「スマート・ファクトリー」の事例（ファナック）を紹介する。また工事現場に「ローカル 5G」を導入して、建機の自動運転を実現する事例（コマツ）を紹介する。

ここまで図 4.1.2 の主要な構成要素について解説してきたが、拡張 CAE および DX に関連の深い生産装置、建設機械（建機）、自動運転車などの構成要素については、以下の章において、より詳しく説明する。

Column

製造業におけるベイズ推論の適用事例

「ベイズ推論」について1.2.1で紹介しているが、本コラムでは製造業において特に重要な「製品の信頼性問題」にベイズ推論を適用した事例について説明する。

＜問題＞宇宙開発や深海探査に使われる非常用安全装置のような特殊部品で、納入個数は２個だが非常時には必ず動作するように高い信頼性を要求される場合を考える。この部品の検査方法が破壊検査しかないとする。このとき10個の部品を生産して８個を試験し、すべて良品であった場合、納入する残りの２個がともに良品である確率を求めよ。

＜解答＞すでに８個は良品であることを確認済みなので、不良品の個数は、A）０個、B）１個、C）２個の３パターンである。それぞれの場合の数の計算結果を以下に示す。

A）の場合、良品10個から８個を選ぶ組合せは　${}_{10}C_8={}_{10}C_2=45$.

B）の場合、良品９個から８個を選ぶ組合せは ${}_9C_8={}_9C_1=9$.

C）の場合、良品８個から８個を選ぶ組合せは ${}_8C_8=1$.

従ってA、B、Cの比率は45：9：1となり、残り２個が良品（すなわちAの場合）の確率は、ベイズの定理を用いた下記の計算式より82（%）となる。

$$45/(45+9+1)=45/55\fallingdotseq 82\ \%$$

本事例のようにロット数が小さい場合、従来の「頻度主義」では例題の良品確率は推定困難であるのに対して、「ベイズ主義」の手法を用いれば現実的な確率が推定できることに注意してほしい。

より高い信頼性を得るためにロット数を増やした場合の計算結果を下記の表に示す。読者は自分で計算して確認してほしい。

No.	ロット数	試験数	残り２個の良品確率（%）
1）	10	8	82
2）	20	18	90.5
3）	50	48	96
4）	100	98	98

4.2　拡張CAE分野におけるAI・IoT適用事例

本章では拡張CAE分野におけるAI・IoTを活用した先進的な製造業の適用事例を紹介する。さらに各社の関連分野の特許戦略について述べる。

4.2.1　生産現場における適用事例

・最初に製品の「生産現場」における先進的な適用事例として、ファナック(株)(以下、ファナック）の取組みを紹介する。該社は工作機械のNC装置の世界最大手であり、故障などの不具合を高精度で予測する「止まらない工場」、さらにハードに加えて付加価値の高いサービスと一体で提供する「スマート工場」の実現を目指していると思われる。

・またスマート工場向けプラットフォームとしてエッジコンピューティングに特化した「フィールドシステム」を展開しており、該社製品だけでなく競合他社の機器とネットワークで連携することにより、クライアントの工場全体の稼働状況を一元管理できるサービスの提供を目指していると思われる。

・さらにセキュリティーに配慮したローカル5G（プライベート5G）を活用して生産機器間の通信を完全無線化することにより、生産装置の一括制御や保守管理の効率化などの製造現場の高度化を目指していると思われる。

・上記のプラットフォームを活用して生産データを蓄積し、AIのディープラーニング技術で学習することにより、熟練者のノウハウのデジタル化および手間のかかるティーチング作業の省力化を実現し、生産工場における深刻な人手不足に対応することを目指していると思われる。

4.2.2　活用現場における適用事例

・次に製品の活用現場における先進的な適用事例として、(株)小松製作所（以下、コマツ）の取組みを紹介する。該社は世界有数の建設機械メーカーであり、AI・IoTを活用した遠隔操作建機および自動運転建機の開発中で、建設工事の省力化サービスを提供することにより、建設現場の可視化および無人化を目指していると思われる。

・該社は1999年に建機の稼働状況を把握する遠隔監視システム「コムトラックス」を発売し、2017年にデータ活用プラットフォーム「ランドログ」を立ち上げたのに続き、2020年に他社製品も含め建機をデジタル化できる後付け機器「スマートコントラクション・レトロフィットキット」を提供している。

・上記のプラットフォームを活用して現場のデータを蓄積し、AIのディープラーニング技術で学習することにより、無人建機による施工の自動化を実現して建設現場の深刻な人手不足対策を目指していると思われる。

4.2.3　先進的製造業のAI戦略分析

・上記に述べたファナックおよびコマツの両社のAI戦略を分析すると、いくつかの共通点が見えてくる。

・最初に注目すべき共通点は現場の人手不足への危機感であり、その対応策としてAIを活用した「スマート工場」や「無人建機」による省力化を目指していると思われる。

・次の共通点は自社製品に限定することなく広く同業他社製品との接続を想定した「オープン情報プラットフォーム」を構築することであり、それにより従来の自社製品の売り切りモデルから脱却し、製品販売後も継続的に利益を確保する情報サービス戦略への転換を目指していると思われる点である。

・このようにAI先進企業が共通のビジネス戦略を展開していることは非常に興味深く、今後の日本の製造業の方向性を考えるうえで非常に参考になると考える。

4.3 各社の特許戦略

本節の最後にファナックおよびコマツの両社のAI関連の特許戦略について説明する。今回は日本国内出願特許に限定して、特許庁の特許検索サービスである特許情報プラットフォームJ-PlatPatにより特許調査した。調査で使用した検索式を以下に示す。

検索式=(公報全文：人工知能+機械学習)×(出願人：社名)

4.3.1 生産分野の事例（ファナックの場合）

・検索式=(公報全文：人工知能+機械学習)×(出願人：ファナック)

・ヒット件数=58件

主要登録特許とその概要を以下に示す。

P1) 複数の産業機械の作業分担を学習する機械学習装置、産業機械セル、製造システムおよび機械学習方法（特開2017-146879）

P2) 工作機械の工具補正の頻度を最適化する機械学習装置及び機械学習方法、並びに該機械学習装置を備えた工作機械（特開2017-68566）

P3) 故障条件を学習する機械学習方法及び機械学習装置、並びに該機械学習装置を備えた故障予知装置及び故障予知システム（特開2017-033526）

・特許P1の概要

【課題】複数の産業機械の作業分担を最適化することのできる機械学習装置、産業機械セル、製造システムおよび機械学習方法の提供を図る。

【解決手段】複数の産業機械11～1nにより作業を行い、前記複数の産業機械に対する作業分担を学習する機械学習装置2であって、前記複数の産業機械の状態量を観測する状態量観測部21と、前記状態量観測部により観測された前記状態量に基づいて、前記複数の産業機械に対する作業分担を学習する学習部22と、を備える。

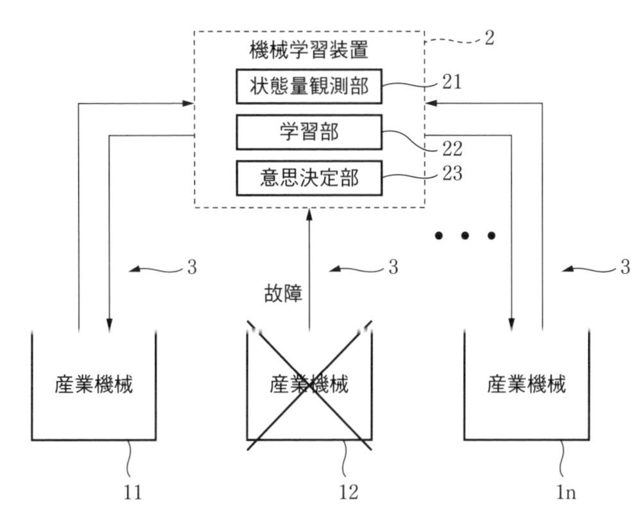

図4.3.1　特許P1の説明図

・特許P2の概要

【課題】工作機械の工具補正の頻度を最適化することができる機械学習装置及び機械学習方法、並びに該機械学習装置を備えた工作機械の提供。

【解決手段】機械学習器24は、工具18を補正する時間間隔、工作機械10で加工されたワーク20の加工誤差量、及び工作機械10の機械稼働率を状態変数として観測する状態観測部26と、状態観測部26により観測された工具補正間隔、ワーク加工誤差量及び機械稼働率に基づいて、工具補正間隔の変更に関する行動価値を学習する学習部28とを有する。

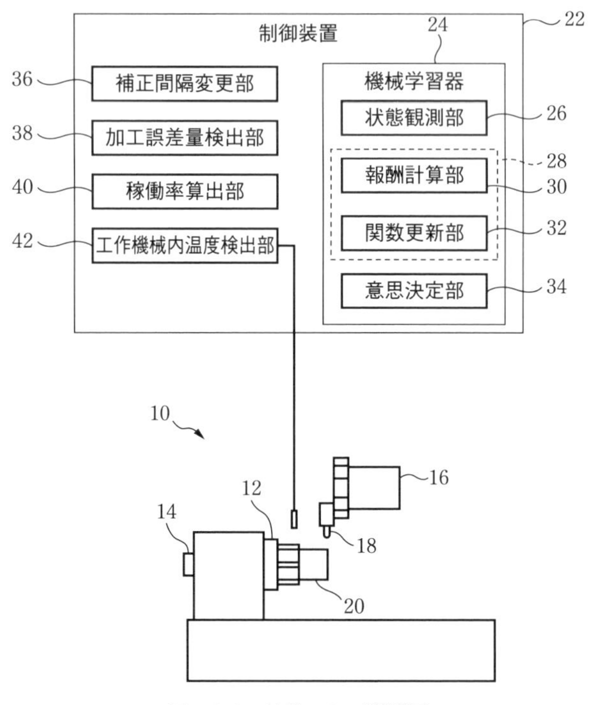

図 4.3.2　特許 P2 の説明図

・特許 P3 の概要

【課題】状況に応じて正確な故障予知を可能にする故障予知システムを提供する。

【解決手段】故障予知システム 1 は、産業機械 2 の故障に関連付けられる条件を学習する機械学習装置 5 を備えている。機械学習装置 5 は、センサ 11 の出力データ、制御ソフトウェアの内部データ、又はそれらに基づいて得られる計算データなどから構成される状態変数を産業機械 2 の動作中又は静止中に観測する状態観測部 52 と、産業機械 2 の故障の有無又は故障の度合いを判定した判定データを取得する判定データ取得部 51 と、状態変数及び判定データの組合せに基づいて作成される訓練データセットに従って、産業機械 2 の故障に関連付けられる条件を学習する学習部 53 と、を備えている。

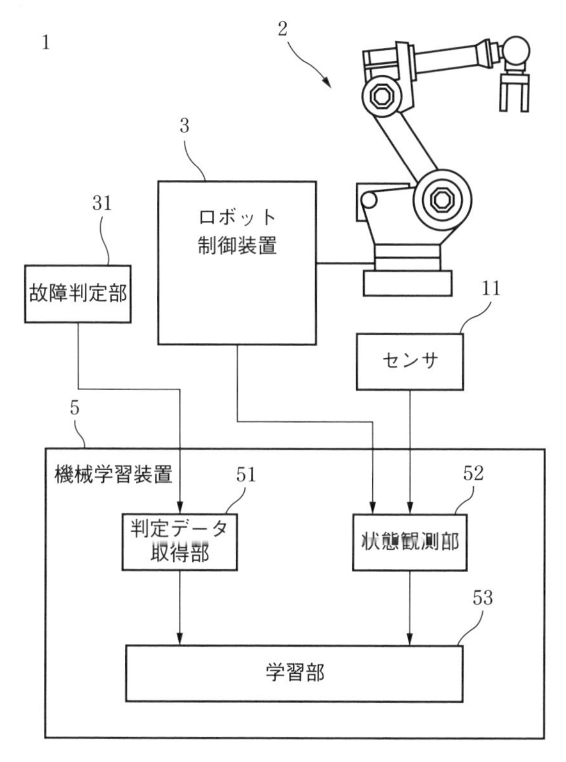

図 4.3.3　特許 P3 の説明図

・次に全関連特許の筆頭 IPC による特許分類の結果（**図 4.3.4**）およびトップ 3 の IPC 内容を以下に示す。IPC の上位 3 項目で全特許の 59 %を占める。

1)　G05B：適応制御系、プログラム制御系（31 %）

2)　H02P：交流／直流電動機の調整装置、制御装置（21 %）

3)　H01F：コア、コイル、磁石を製造するための装置・工程（7 %）

・経過情報に基づいた特許分類結果（**図 4.3.5**）を示す。該社の AI 関連特許の登録率が 50 %（＝29/58）と非常に高く、拒絶率 10 %、みなし取下げ率 2 %と両者ともかなり低い。また査定無し（38 %）にも有望な特許が含まれており、登録率はさらに向上すると思われる。

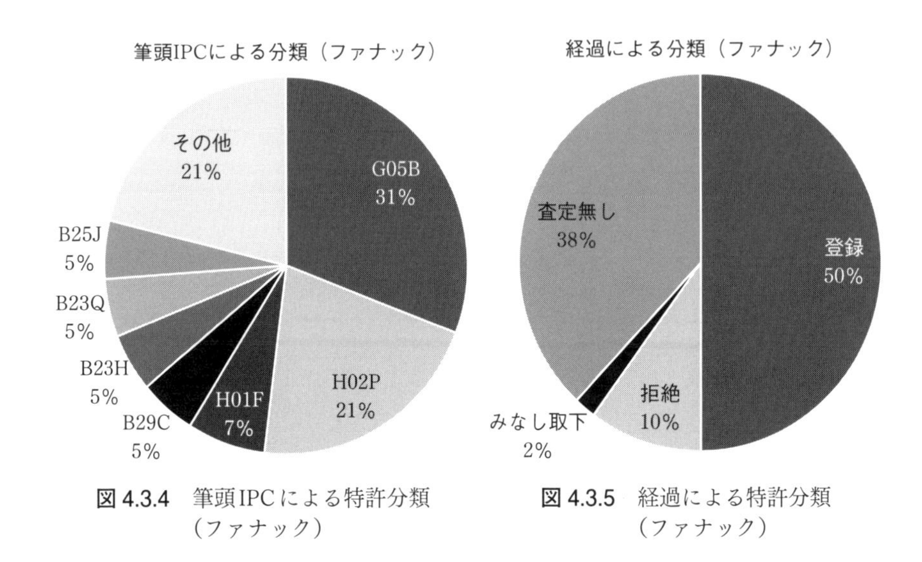

図 4.3.4　筆頭IPCによる特許分類（ファナック）

図 4.3.5　経過による特許分類（ファナック）

【分析】

・上記の主要特許3件（P1～P3）はすべて登録済みで、状況に応じて正確な故障予知を可能にする故障予知システムを構築することにより、工場におけるチョコ停防止および稼働率の向上を目指している。

・自社の得意な装置／プロセスを機械学習装置および機械学習方法と組合せた特許を多数、出願・登録している。機械学習はニューラルネットワークのごく一般的な手法を用いているが、装置構成、学習データの種類、学習内容に新規性および進歩性を持たせることにより、特許の登録率を高めている。上記特許P1～P3の具体的な学習データおよび学習内容を以下に示す（**表 4.3.1**）。

・該社は知財戦略に非常に注力していると言える。現状の出願済みの特許は自社製品の製造装置に関する基本特許が主でありAI技術に関してはごく一般的な内容に留まるが、今後はより具体的で詳細なAI技術内容に関する周辺特許の出願を増やすことにより、より強固な特許網の構築が可能になると思われる。

表4.3.1　主要特許の学習データおよび学習結果

記号	特許番号	名称	学習データ	学習結果
P1	特開2017-146879	複数の産業機械の作業分担を学習する機械学習装置、産業機械セル、製造システムおよび機械学習方法	産業機械の状態量：作業時間、作業負荷、作業達成度、作業量の差、生産量の変化	生産量の維持、負荷の平均化、作業量の最大化を行うための作業分担
P2	特開2017-68566	工作機械の工具補正の頻度を最適化する機械学習装置及び機械学習方法、並びに該機械学習装置を備えた工作機械	工具補正時間間隔、加工誤差量、機械稼働率、内部温度	工具補正時間間隔の変化量に関する行動価値
P3	特開2017-033526	故障条件を学習する機械学習方法及び機械学習装置、並びに該機械学習装置を備えた故障予知装置及び故障予知システム	産業機械または周囲環境の状態、産業機械を制御する制御ソフトウェアの内部データ	産業機械の故障の有無、故障の度合い、故障に関連付けられる条件

4.3.2　運用分野の特許事例（コマツの場合）

【特許検索結果】特許の検索式、ヒット件数、主要特許を以下に示す。

- 検索式＝(公報全文：人工知能＋機械学習)×(出願人：小松製作所)。
- ヒット件数＝9件
- 主要登録特許とその概要を以下に示す。

P4)　車両の誘導装置（特開2010-211827)

P5)　車両の誘導装置（特開2008-097632)

P6)　車両の誘導装置（特開2000-137522)

・特許 P4 の概要

【課題】走行コースの修正を作業効率よく行うようにする（ティーチングによる方法よりも作業効率よく走行コースの修正を行う）。

【解決手段】走行位置計測手段で計測される無人車両の走行位置と、該無人車両の誘導コースを規定するコースデータとに基づいて、前記無人車両を前記誘導コースに沿って誘導走行させる無人車両の誘導装置であって、コースエリアの境界線のデータを入力する手段と、移動起点の位置とその位置における前無人車両の方向および移動目的点の位置とその位置における車両進行方向とをそれぞれ指示する手段と、前記移動起点の位置および移動目的点において、前記指示された位置と車両進行方向が満足されるコースデータを作成する手段と、前記作成されたコースデータで規定される誘導コースで無人車両を走行させた場合の該無人車両と前記コースエリアの境界線との干渉を推認する手段と、前記干渉が推認された場合に、前記コースデータを変更するコースデータ変更手段と、を備える。

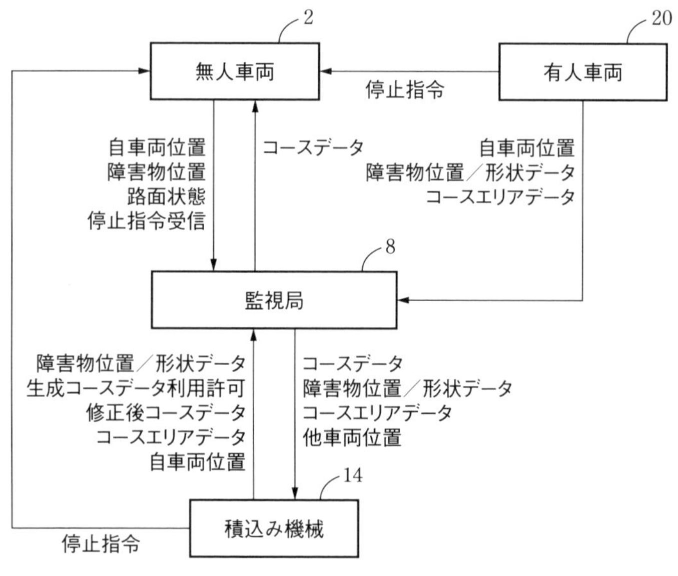

図 4.3.6 特許 P4 のデータの流れを示すブロック図

・特許P5の概要

【課題】コースエリアの形状変更や移動目的位置の変更に対応した誘導コースを容易に作成し、かつ、無人車両がコースエリアの境界や切り羽面に干渉することを防止する。

【解決手段】走行位置計測手段で計測される無人車両の走行位置と、無人車両の誘導コースを規定するコースデータとに基づいて、無人車両を誘導コースに沿って誘導走行させる無人車両の誘導装置であって、コースエリアの形状を入力する手段と、移動起点の位置と無人車両の方向および移動目的点の位置と車両進行方向とをそれぞれ指示する手段と、移動起点および移動目的点において、指示された位置と車両進行方向が満足されるコースデータを作成する手段と、作成されたコースデータで無人車両を走行させた場合の無人車両とコースエリアの干渉を推認する手段と、干渉が推認された場合に、コースデータを変更するコースデータ変更手段と、を備える。

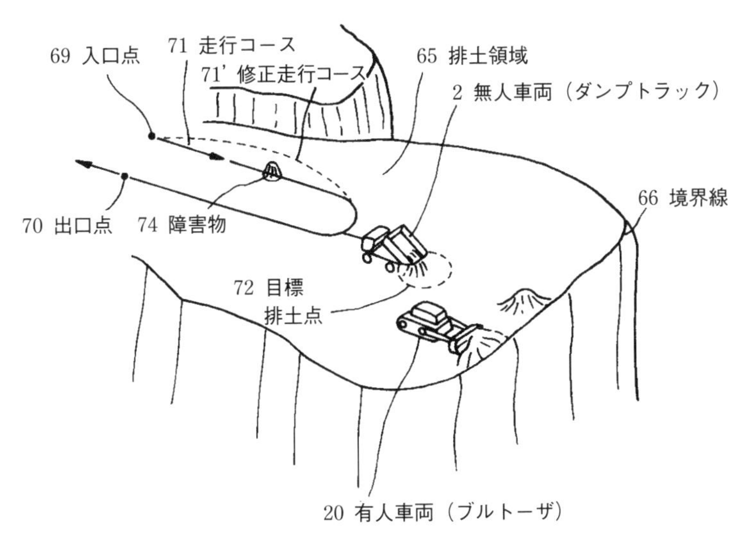

図4.3.7　特許P5の作業現場の様子を示す図

・特許 P6 の概要

【課題】ティーチング方式などの従来の方法に依ることなく、車両が到達すべき排土領域（目標領域）が与えられた場合にその目標領域内の複数の目標点までの各走行コースを時間、工数を要することなく容易に生成できるようにして走行コース生成の作業効率を高める。さらに本発明は排土領域内に複数の目標排土点を均一かつ密に配置できるようにして排土作業および整地作業の作業効率を高める。

【解決手段】領域データ入力手段 3 に入力された目標領域 21 の位置データ（境界線 20 の位置データ）に基づいて、当該目標領域 21 内部の複数の目標点 26′、26′…の位置データが生成される。そして生成された複数の目標点 26’、26′…の位置データが順次与えられることにより車両 13 が目標領域 21 内部の複数の目標点 26′、26′…へ順次誘導走行される。

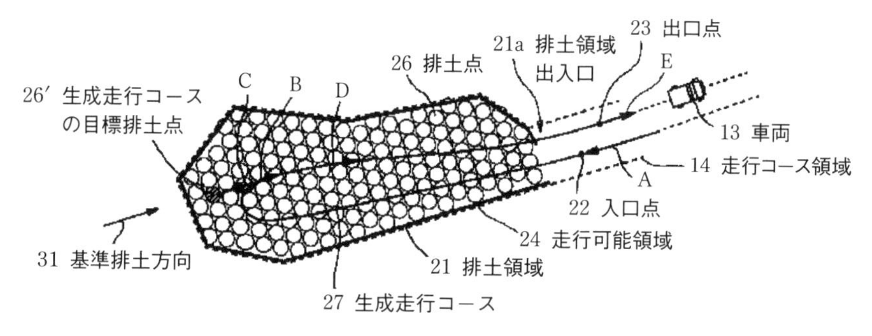

図 4.3.8　特許 P6 の走行コースの生成を例示した概念図

・次に全関連特許の筆頭 IPC による特許分類の結果（図 4.3.9）およびトップ 3 の IPC 内容を以下に示す。IPC の上位 3 項目で全特許の 89 %を占めており、特に無人建機を見据えて自動操縦の特許に力を入れている。

1） G05D：自動操縦、2 次元位置・進路の制御（56 %）

2） G05B：適応制御系、プログラム制御系（22 %）

3） G06G：計算動作が電気的・磁気的に行われる装置（11 %）

・経過情報に基づいた特許分類結果（図 4.3.10）を示す。

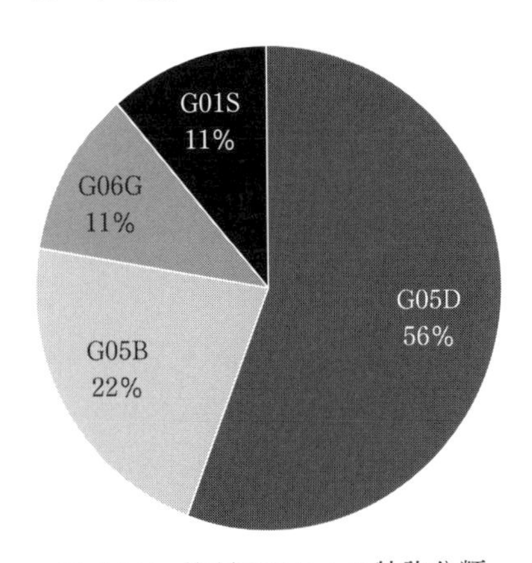

図 4.3.9　筆頭IPCによる特許分類（コマツ）

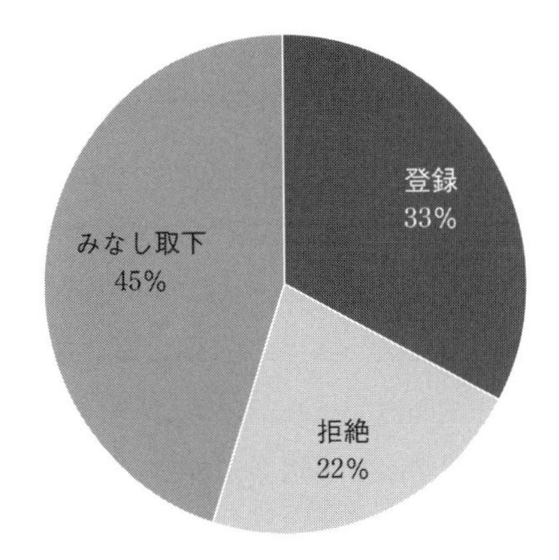

図 4.3.10　経過による特許分類（コマツ）

【分析】

・該社は無人ダンプトラックの自動操縦（G05D）に関する特許を5件出願し、3件登録済み。

・該社の AI 特許の登録率が 33 %（＝3/9）と比較的高いが、有用な基本特許の出願件数（調査時点で 9 件）を増やすことで、より強固な特許網を構築できると思われる。

・みなし取下げが 45 %と比較的高いのは、維持コストを考慮した防衛的な意味合いの特許戦略を重要視しているからと思われる。

・事業に必要な基本特許は抑えているが、さらに周辺特許を出願することにより、より強固な特許網を構築することができると思われる。

4.4 日本の製造業の若手技術者への提言

本章では、CAE 技術に AI を適用するために必要となる周辺技術について解説してきた。本章の最後にあたり、今後の日本製造業をになう若手 CAE 技術に対する提言を述べたい。

従来の日本製造業が得意とした「売り切り型モデル」は新興国との価格競争に巻き込まれる「レッド・オーシャン」戦略であり、半導体、液晶ディスプレイ、太陽電池などのように「技術で勝って事業で負ける」状況が続き、ついには有機 EL ディスプレイにように「技術で負けて事業でも負ける」状況にまで落ち込んでいる。そこでこのような負のスパイラルから脱却するためにも、今後の日本の製造業は販売後もユーザーの利用状況を把握して問題解決策を提案する「ソリューション提案型ビジネスモデル」に切り替えていくことにより、販売後のアフターサービスで継続して利益を上げ続ける「ブルー・オーシャン」戦略を実現すべきと考える。上記で解説したファナックの「止まらない工場」やコマツの「無人建機」は、まさにソリューション提案型ビジネスモデルであり、両社ともに自社の AI&IoT オープン・プラットフォームを広く公開して、多くの関連企業を取り込んだエコシステムを構築しており、今後の日本製造業の目指すべき方向性を体現していると考える。

このような状況のもとで、CAE 技術者が会社に貢献するためには従来の製品設計だけでなく、利益に直結する製造・運用の現場に CAE 技術を適用することが重要になる。著者の経験から言えることだが、幸いなことに CAE 技術者は構造、伝熱、流体、電磁界などの幅広い物理現象を理解しており、モノづくりの上流から下流まで広範囲のプロセスに対応することが比較的容易である。さらに解析学、線形代数学、数理統計学などの数学的素養もあるので、AI で使用される機械学習の手法を理解して現場で実装することにも適していると考える。

そこで今後の日本製造業をになう若手CAE技術者には、各種のAI手法を学ぶとともに、自分から積極的に現場に出かけて自社のモノづくりの実務に精通したうえで、得意のCAE技術を活用して、おのおのの業務に適したAI技術を開発して、生産性の向上、業務の効率化を実現してほしい。さらに自ら開発したAI関連技術の特許を出願して権利化することにより、技術者としての社内プレゼンスを高めてほしいと考える。著者らが所属するNPO法人　CAE懇話会（http://www.cae21.org/）は従来のCAE技術に加えて、AI、機械学習および特許出願に関する解析塾・セミナー等を定期的に開催しているので、ぜひ積極的に参加して自身の業務に有効活用してほしい。

第5章

AI×CAEがもたらす最適化社会

本著の最終章として、「実用化設計」におけるAI×CAEの活用の延長線上で、私たちが目指す、「最適化社会」についての展望をまとめた。

5.1 CAEとデジタルトランスフォーメーション（DX）

本章では、製品開発に関わるCAE技術の発展と適用範囲の拡大に関して展望を述べる。特に、世界的にIoTやAI技術が急速に進展し様々な業界にデジタル変革を迫っている時代において、日本の製造業が自社の製品やシステムにIoT・AI技術を取り込み、新たなスマート・サービスを生み出すことによって、「モノ」づくりから「コト」づくりへ、あるいはハード主体からソフト主体へ事業転換（Digital Transformation：DX）するための新しい開発環境を拡張CAE（CAE4.0）として述べる。

そのために、大きく三階層のイノベーションを実現する必要があると考える。これは、①あらゆる製品・機器をIoT接続することにより新たな機能を付与するプロダクト・イノベーション、②それらを開発するためのデジタルプロセスのイノベーション、③さらにコネクテッド・プロダクツとプラットフォームで構成されるCPS（Cyber Physical System）によって新たなスマート・サービスを提供するビジネス・イノベーション、である。これを**図5.1.1**に示す。

1）プロダクト・イノベーション　*Connected Products ⇒ IoT Devices*
構造、材料、方式変更による製品イノベーションに加え、IoT接続化による革新
例）3Dプリンタ、新冷媒、EV化、自動運転車、スマートフォン、スマート機器

2）プロセス・イノベーション
例）デジタル設計プロセス、トヨタ生産方式、グローバルSCM、Industry4.0
Model Based Development ⇒ Digital Twin

3）ビジネス・イノベーション
新ビジネスモデルによる事業構造の変革、ベース・プラットフォーム
例）プラットフォーム・ネットサービス事業、スマート・グリッド、高速通信（5G）、ビッグデータ活用、シェアリングエコノミー（Uber等）、知能化プラットフォーム　*⇒ Digital Transformation（DX）*

図5.1.1　イノベーションの三階層

IoT、AI 技術に加え、さらに、新たな通信技術である 5G の進展などを製品開発に取り込むためには、製品の機能を実現するための技術そのものにパラダイムシフト（方式の変更）を起こす必要がある。この様相を**図 5.1.2** に示す。

このようなパラダイムシフトを起こすための発想は、やはり設計者の経験と最新の技術革新に関する広い知識、及び発想力に依存するものと考える。

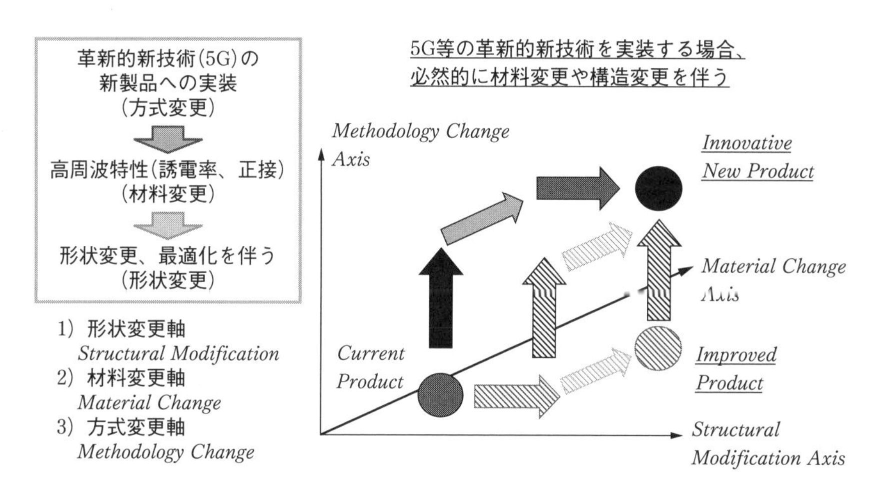

図 5.1.2　革新的製品開発の三軸（構造変更、材料変更、方式変更）

合わせて、スマート・サービスを実現するアーキテクチャを分類・モデル化し、今後の異業種間連合等による新たなビジネス創出や、日本が提唱する Society5.0 の実現についても考える。

5.2 CAE技術の発展と適用範囲拡大

CAEのベースとなる数値解析技術そのものは、1950年代に提唱され流体解析や構造解析など個別に研究・開発が進められてきたが、本格的にCAE技術が民間に浸透してきたのは1980年代からである。

製品開発のフロントローディングを実現するための技術として、ソリッド・モデル（3次元CAD）から、解析用データを生成するプリプロセッサと有限要素法（FEM）等の数値解析ソルバー、及び解析結果を可視化するポストプロセッサとを結び付けたAnalysisプロセスとして開発された（**CAE1.0**）。

その後、**図5.2.1**に示すように、設計変数をパラメトリックに変化させて設計空間を探索し最適設計を実現するためのSynthesis（統合解析）& Optimization（最適化解析）へのアプローチに進化した（**CAE2.0**）。

21世紀に入って、特に自動車産業を中心に発達したモデルベース開発（MBD：Model Based Development）によって、製品やコンポーネントの機能設計、構造設計を設計段階でモデル・シミュレーションし、さらに制御ハードウエアの論理設計（1Dシミュレーション）開発と連携された組み込みソフト開発を先行的に検証するプロセスとして、Hardware In the LoopとSoftware In the Loop（開発中のモジュールのハードやソフトをシミュレータと組合せて試験をする方法）の活用など、大幅な製品開発プロセスの短縮を実現している（**CAE3.0**）。

今後は、IoT、AIの進展と共に、次節で述べるように、CPSを前提としたデジタルツイン開発のための拡張CAE（**CAE4.0**）へと進化するものと考える。

CPS（Cyber Physical System）

実世界に設置・運用される様々な機器・システムからIoTによって膨大な運転データ等が収集され、サイバー空間のプラットフォームで監視・分析され、個々の機器・システムの安定運用や多数接続された機器・システムを全体最適に運転制御するスマート・サービスを提供する仕組み。

デジタルツイン開発

遠隔監視・制御やスマート・サービスを CPS で実現するため、プラットフォーム上に構築する機器・システムのモデル開発。

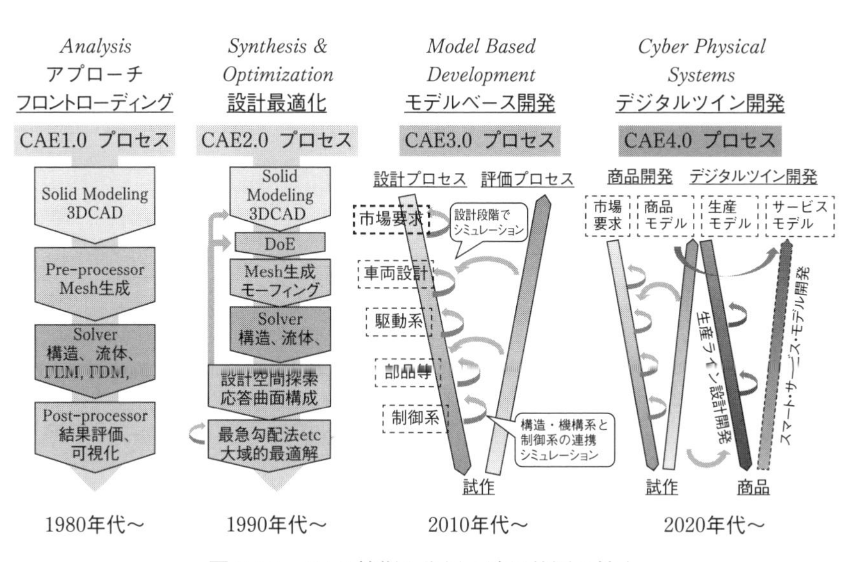

図 5.2.1　CAE 技術の発展と適用範囲の拡大

5.3 CPSを前提としたものづくりとCAEの再定義

IoTの進展と共に膨大な数の機器・システムがネットワークによってクラウド・プラットフォームに接続され、機器からの運転データなどが時々刻々集約され、クラウド上の機器・システムのモデル（Digital Twin）による仮想運転データと比較して機器・システムの性能や寿命の予測を行い、さらに多数の機器群の運転データ等を総合的に学習し、予知保全機能や運転制御の全体最適化、効率向上を実現していく時代となる。我々は、このようなIoTの基本アーキテクチャであるCPSを前提とした、ものづくりとCAEの再定義をこれまで提案してきた。

本章では、CPSにつながる機器をコネクテッド・プロダクツと定義し、CPSによって接続された機器・システムによって実現するスマート・サービスの開発を含めた環境を「拡張CAE環境」として再定義する。

そして、AIをCPS上に取り込むために、機器側の知能化とクラウド・プラットフォーム側の知能化の役割分担を明確にする。その結果、コネクテッド・プロダクツとスマート・サービスの開発は従来の製品単体での機能設計・構造設計に加えて、CPSとしての知能化設計とネット化設計とが必要であり、さらにその開発プロセスではそれぞれ検証システムが新たに必要となる。これは、MBDに知能化設計やネット化設計のコンポーネントを組み合わせることで実現可能であり、さらにMBD開発が終了した時点でクラウド側へ移送し、Digital Twin性能モデルや寿命評価モデルとして適用できることになる。

さらに、生産移行時に生産ラインのモデル構築とそれを用いたラインの最適設計を行うことで生産工程を設計し、ライン完成後はこれをクラウド上のDigital Twin生産モデルとして利用することで、新たなグローバル製造業のCPSアーキテクチャが実現される。生産モデルのDigital Twinによって、生産の滞りや完成品のバラつきを自動的に計測・分析することが可能となり、生産

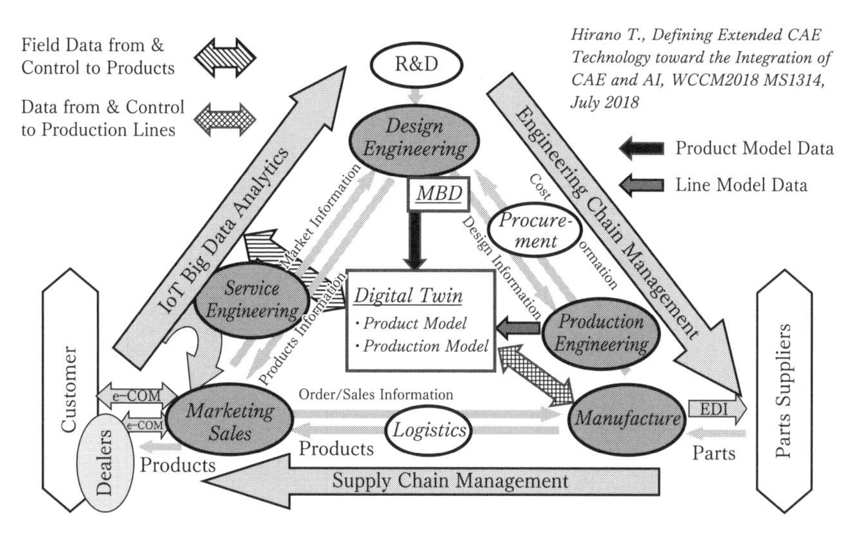

図 5.3.1　製品及び生産プロセスのデジタルツインを持つグローバル製造業

ラインの生産性向上と完成品品質の継続的改善が同時に達成可能となる。

これは、**図 5.3.1** に示すように製品開発から生産立ち上げに至るプロセスである ECM（Engineering Chain Management）と、部品調達から生産、完成品物流に至る SCM（Supply Chain Management）に加え、IoT によるデータ収集と解析、及び AI により付加価値を高められたスマート・サービスの提供管理（Big Data Analytics & Smart Services Management）機能により構成される。

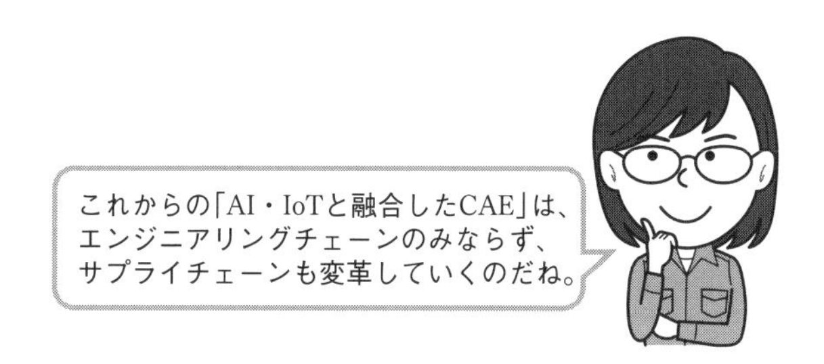

5.4 キー・アーキテクチャとしての CPS＋AI

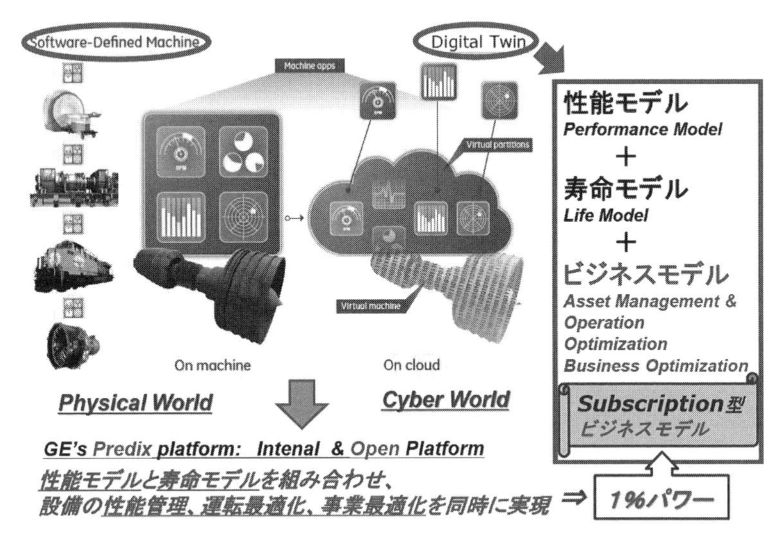

図 5.4.1　CPS の代表例である GE 社 PREDIX プラットフォームとデジタルツイン

図 5.4.1 にキー・アーキテクチャとしての CPS の代表例として General Electric 社の PREDIX プラットフォームの構成を示す。機器側の機能や通信仕様などは出来る限りソフトウエアで定義するように構成されるが（Software Defined Machine）、プラットフォーム上の Digital Twin は機能特性をモデル化した性能モデル（Performance Model）と、機器・システムの異常・劣化状態を判断するための寿命モデル（Life Model）、さらに機器やシステムのアセット管理とスマート・サービスの提供を司るビジネスモデル（Asset Management & Optimization）によって構成される。このビジネスモデルによって、機器売りではない継続的な Subscription 型ビジネスを実現している。

一方、AI の技術進展によって様々な AI 開発プラットフォームが提供されるようになっているが、ここでは CPS に付加価値を提供するための AI の機能と役割や、データ収集・蓄積と学習環境について考える（図 5.4.2）。

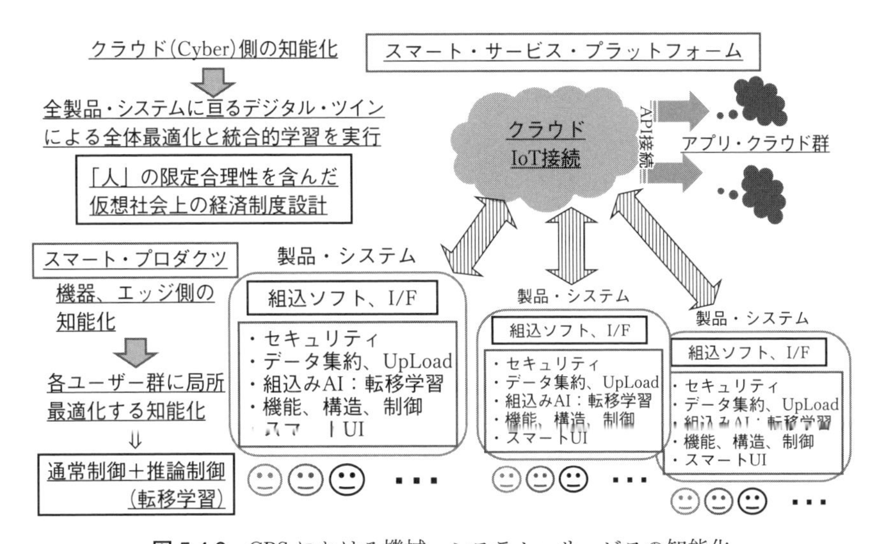

図 5.4.2　CPS における機械・システム・サービスの知能化

5.5 機器エッジ側の知能化とプラットフォーム側の知能化

IoT、AI 時代のエッジ側機器（コネクテッド・プロダクツ）とクラウド・プラットフォームは、それぞれの知能化の役割が異なる。機器エッジ側ではすべての学習を行うほどの CPU パワーを持たないため、図 5.4.2 に示したように基本的にはプラットフォーム側で統合的学習を行う。さらに、スマート・サービスの対象である人や社会集団に関して後述する「ヒト」の限定合理性を含んだ仮想社会上の経済制度設計を考慮したビジネスモデルを用いて、全体最適化制御サービスをプラットフォームから接続された全ての機器に提供する。

一方、機器エッジ側では学習済 NN（ニューラルネットワーク）の重み係数値をローカルコントローラにダウンロードして推論制御を実現することになる。例えば、画像処理と組み合わせた機器制御を実現する場合、今までは画像の特徴量の組合せを制御分岐パラメータとしてアルゴリズムを組み立てていたが、画像認識の深層学習を利用して必要な分岐（分類）を学習した結果を用いた推論制御では、画像データを学習済 NN に直接入力し推論（フォーワード計算）を行うことで機器制御のプログラムが簡略化し、高速化が可能となる。

さらに、それぞれの機器が対象とするユーザー群に局所最適化するために一部のパラメータのみを用いた学習や、SVM（Support Vector Machine：第 1 章では詳細は説明しなかったが、クラス分類手法の 1 つ）などを用いた分別器のみを学習させる転移学習を行う。そのために、通常のアルゴリズム制御を実行する CPU（Central Processing Unit：組み込みマイコンやパソコン等の演算・制御チップ）に加えて、GPU（Graphics Processing Unit：コンピュータにおける処理のうち、画像処理に特化した並列化演算装置。昨今は汎用化した General Purpose GPU の機能を積極的に用いて数値計算処理能力を大幅に向上した CAE ソフトもある。GPGPU はさらに、並列化処理と合わせて膨大な機械学習処理用にも広く活用されている）や推論処理用のチップセットを組み合わせて、組み込みハードを設計することになる。

プラットフォーム上の Digital Twin モデルによる計算では計算誤差の蓄積を避けるために倍精度浮動小数点演算（F64）を用いた計算が必要となるが、さらに実使用条件を考慮した高精度な詳細モデルを用いた HPC（ハイ・パフォーマンス・コンピューティング）シミュレーションによる膨大なパラメトリック計算から、多層ニューラルネットワークによる回帰モデル（Surrogate Model：代理モデル）を構築する方法も有効である。この回帰モデルを用いることで、実運用時には推論計算のみとなるためにレスポンスを大幅に削減でき、実用的なスマート・サービスを実現可能となる。

一方、機械学習においては単精度（F32）あるいは半精度浮動小数点演算（F16）を用いることになる。さらに、学習済 NN 重み係数値を用いた推論実行の場合は、各層において図5.4.1の右側に示したような重み係数の積和演算（内積）を同時に実行する必要があるが、プラットフォーム上でも機器エッジ側でも 8 bit 整数演算（I8）を用いることで、演算速度と消費電力を極小化できることになる。「ポスト京」として開発が進められてきた日本の次世代スパコン『富岳』も、**図 5.5.1** に示すように HPC と AI 演算処理を融合する新しいアーキテクチャとして、このような混合精度演算処理機能を実現している。

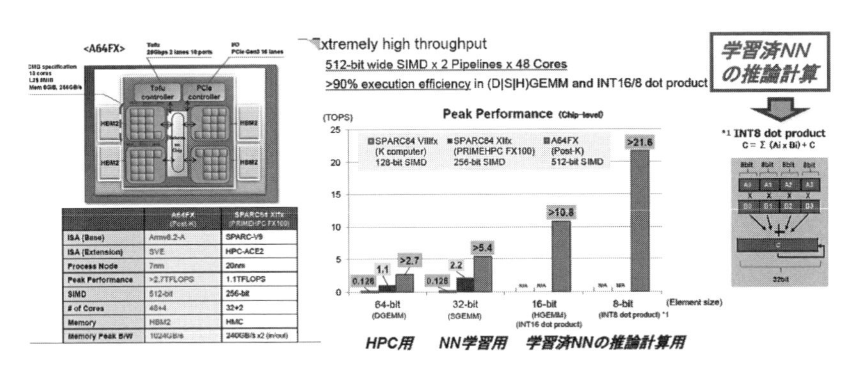

	A64FX (Post-K)	SPARC64 XIfx (PRIMEHPC FX100)
ISA (Base)	Armv8.2-A	SPARC-V9
ISA (Extension)	SVE	HPC-ACE2
Process Node	7nm	20nm
Peak Performance	>2.7TFLOPS	1.1TFLOPS
SIMD	512-bit	256-bit
# of Cores	48+4	32+2
Memory	HBM2	HMC
Memory Peak B/W	1024GB/s	240GB/s x2 (in/out)

図 5.5.1　ポスト京『富岳』の新しいハードウエアによる HPC と AI 処理の融合

『富岳』というのは神戸で運用されていた
スパコン『京』(2011年に世界一)の次世代機で、
2020年6月と11月の2期連続で数値計算性能や
AI計算性能など4部門で世界No. 1を獲得し、
2021年3月9日に完成、共用開始したんだよ。

5.6　CPSプロセスにおける不確かさ評価とベイズ推論

IoTの世界では、**図5.6.1**に示すようにあらゆるデバイスから連続的にデータが生成され、クラウド・プラットフォームへ定期的に転送されるデータ・ストリーミングが実行される。一方、クラウド側で収集・蓄積されたデータに対し、適宜、様々な統計処理や可視化処理が施される（イベント・プロセッシング）。これは、気象予測や台風進路予測などで行われる逐次処理と同様のCPSのプロセスであるが、特に自然現象の仮想世界における数理モデルは、必ずしもその複雑度に見合う精度を持つものではない。さらに、時間発展形式の逐次計算を進める場合、初期条件や境界条件の不確かさやずれが、結果の予測に大きく影響を及ぼす。この問題を解決するために、観測データとシミュレーションを統合する情報処理としてデータ同化が発展してきている。データ同化では、ベイ

IoTの世界では、あらゆるデバイスから連続的にデータが生成される。
（データ・ストリーミング）

それらのデータがクラウド・サーバに収集・蓄積され、様々な統計処理、可視化処理が施される。
（イベント・プロセッシング）

IoTのデータプロセッシング・アーキテクチャ

データ同化でも、システムモデルと観測モデルが継続的に連携される。

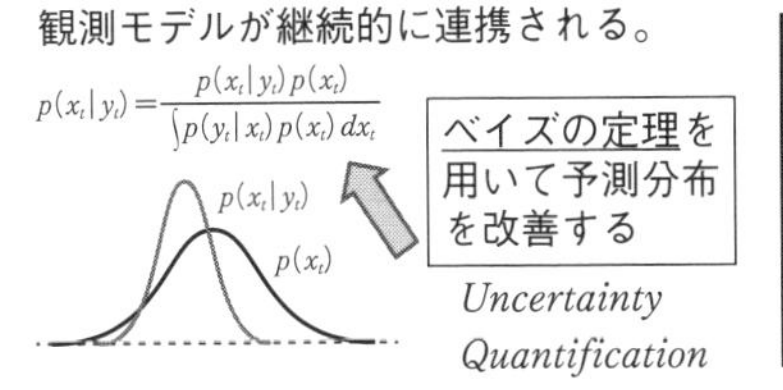

データ同化もIoTと同様にCPSである！

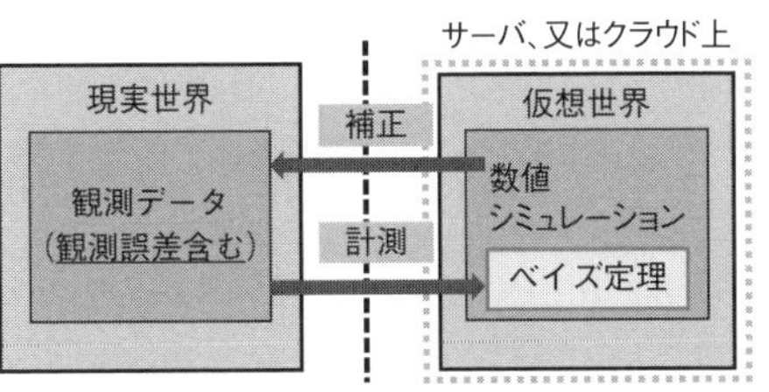

図5.6.1　IoTプロセッシングとデータ同化

ズの定理に立脚してパラメータを確率変数として取り扱い、既存の知識や経験はその確率変数の事前分布として定義する。

これにより莫大な未知数の値を安定して（オーバーフィットを合理的に回避しつつ）推定することが可能となる。図 5.6.1 に示すように、IoT のデータ・プロセッシングとデータ同化の CPS アーキテクチャを対比することで、IoT における計測データやプラットフォーム上の Digital Twin モデルの不確かさの定量的評価（UQ：Uncertainty Quantification）を通して、IoT の CPS プロセスにおいてもベイズ推論の適用が可能と考える。

特に、人の感情はこれからの製品開発やスマート・サービスを考えるうえで、定量的モデル化が必要となる。人の感情を2次元的に表現したモデルを**図5.6.2**に示すが、個人ごとに状況によってその特性が変化すると考えられるので、確率分布表現を用いることでベイズ推論の適用が可能と考えられる。

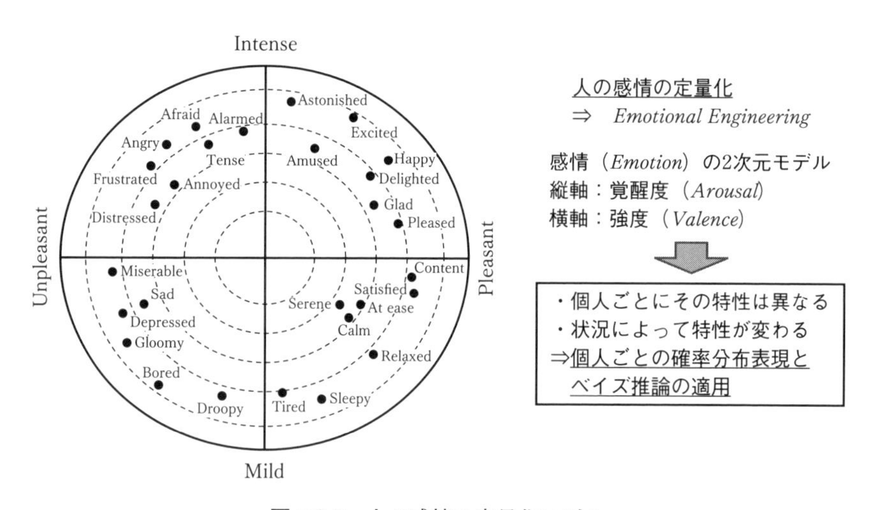

図 5.6.2 人の感情の定量化モデル

図 5.6.3 に示すように、製品設計時点での目標値は１点であったものが、機器・デバイスからの計測データやデジタルツイン・モデルの不確かさであるモノに関わる不確かさが加わり、さらに、スマート・サービスの対象である人や

社会集団の特性やサービスのユースケースに関する不確かさ（コトに関わる不確かさ）が加わることで製品機能の目標値からの乖離が発生する。さらに、実際の人や集団・社会の嗜好や反応は個人差が大きく不確実性（行動経済学で言う限定合理性やバイアス）を示すが、これをコトに関わる不確かさとして定量化、モデル化する必要がある。

これらの、モノに関わる不確かさやコトに関わる不確かさが積み重なることによって、単一の設計目標値が広がりを持った確率分布になることを**図 5.6.3**は示している。

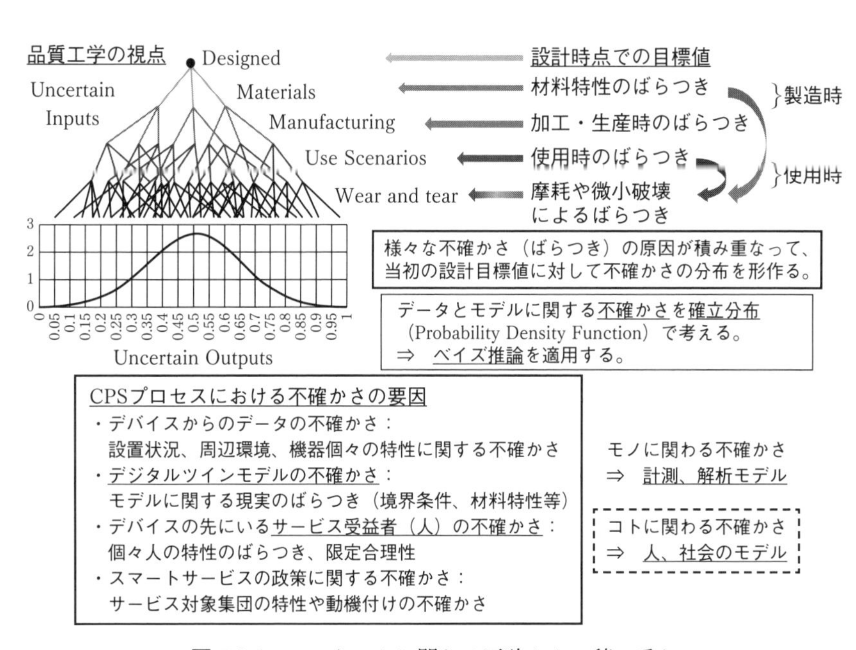

図 5.6.3　モノとコトに関わる不確かさの積み重ね

5.7 「人・社会」と「システム・サービス」のモデル化

スマート・サービスとは、機械・システムが単独で実現していたサービスのレベルを、IoT 接続されることでより総合的に効率化・高性能化、快適性向上などを実現するものである。従って、IoT とは実際のサービスを受ける人・社会を繋げる仕組みであり、IoH（Internet of Human）あるいは IoS（Internet of Society）とも言うべきものである。

その際に**図 5.7.1** に示すように人と機械の相互作用（UX：ユーザー・エクスペリエンス）を、製品の機能や属性が人間の五感に作用し結果として感情（emotion）を惹き起こすインターフェイスとしてモデル化し、そのサービスが対象とする人・社会の受容・反応をシミュレートする必要がある。さらに、同様なシステム群や社会システムのサービスレベルを比較・評価することで、サービス内容の改善につなげることや、スマート・サービスの社会実装において必要な経済的施策に関しても、モデルとして組込む必要がある。

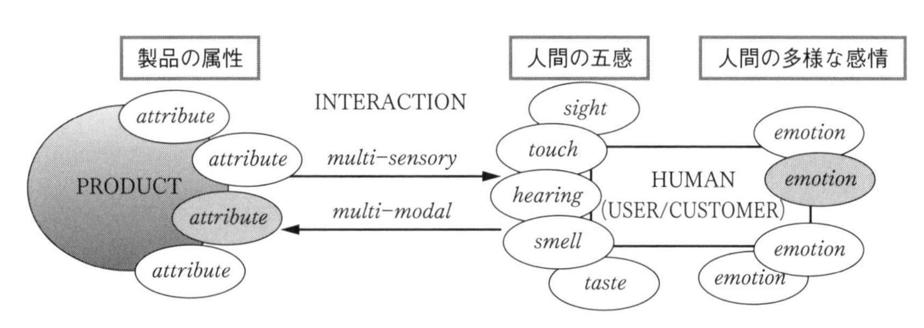

図 5.7.1　UX の相互作用モデル

これまでのシステム・サービスの最適化では対象の評価基準等は変化しなかったが、実際の人や社会の嗜好や反応は個人差が大きく不確かさ（行動経済学で言う限定合理性）を示すが、これを含めてモデル化することを考える必要がある。さらに、これまでの計算科学における最適化は、古典経済学で言うホモエコノミカスと呼ぶ、感情を持たない、利己的で、頭の良い、超個人的人間を前提としたものであった。しかし、現実の人間（ヒューマン）は、感情に動かされ、他人を意識し、たびたび間違いを犯す「限定合理的」な人であり、そのことを考慮した新しい経済学としての行動経済学に立脚してスマート・サービスを考える必要がある。特に、社会システムの制度設計とその効果の評価には、実験経済学による検証が必要となるだろう。

図 5.7.2 に行動経済学のプロスペクト理論における価値関数と主観的確率ウエイト関数を示す。主観的確率ウエイト関数は、客観的確率に対する個人の主

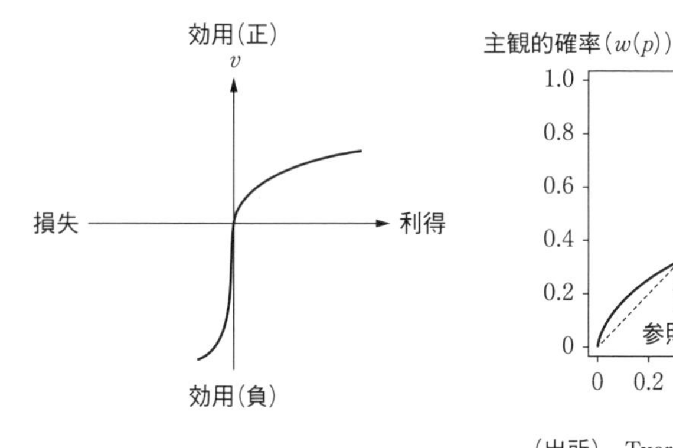

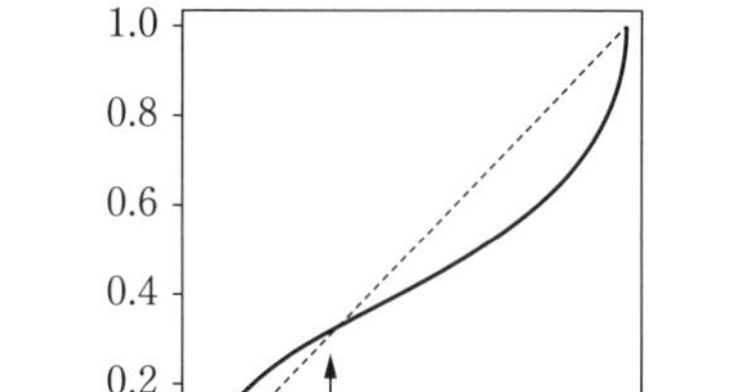

（出所）　Tversky and Kahneman (1992), p. 310より。

$$v(x)=\begin{cases} x^{\alpha} & (x\geqq 0\text{のとき}) \\ -\lambda(-x)^{\beta} & (x<0\text{のとき}) \end{cases}$$

$$w(p)=\frac{p^{\gamma}}{\{p^{\gamma}+(1-p)^{\gamma}\}^{1/\gamma}}$$

$w(p)+w(1-p)<1$

劣確実性（subcertainty）

主観的確率の劣加法性

図 5.7.2　行動経済学における人間の限定合理性モデル

観の偏りを表現するモデルであるが、個々人の特性のバラつきを考慮して**図 5.7.3** 上に示す関数のパラメータを図 5.7.3 左に示す正規分布で表現すると、図 5.7.3 右のように主観的ウエイト関数の不確かさ分布が得られる。この結果を見ると、パラメータの変化とともに参照点も移動してしまうため、主観的確率ウエイト関数の参照点もパラメータに加え、2 変数モデルとして表現する必要があると考えられる。

主観的確率ウエイト関数モデルの不確かさ分布

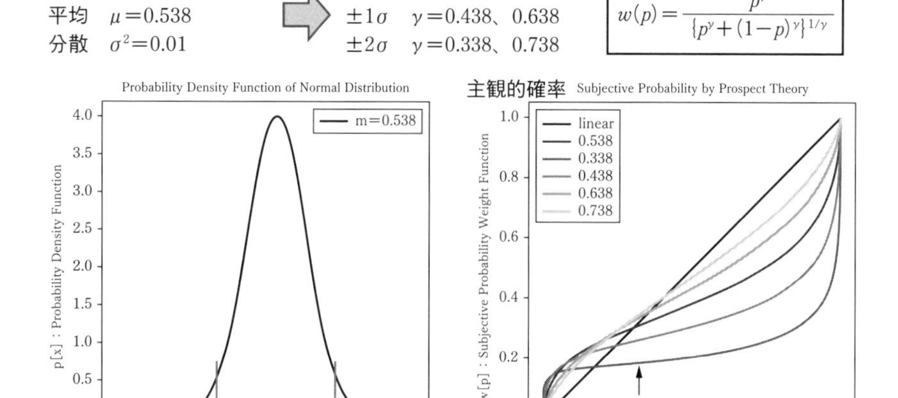

図 5.7.3　主観的確率ウエイト関数モデルの不確かさ分布

過去に検討された人・社会システムのモデリングに関する 3 つの視点（個人、集団、社会）と、そのモデリング・シミュレーションのロードマップを**図 5.7.4** に示す。集団・社会レベルのシミュレーションとしてマルチエージェントがあげられるが、この手法にも個々のエージェントの年齢別・性別等による個性の多様性を含めた不確かさ分布を取り入れたモデリングを考える必要がある。

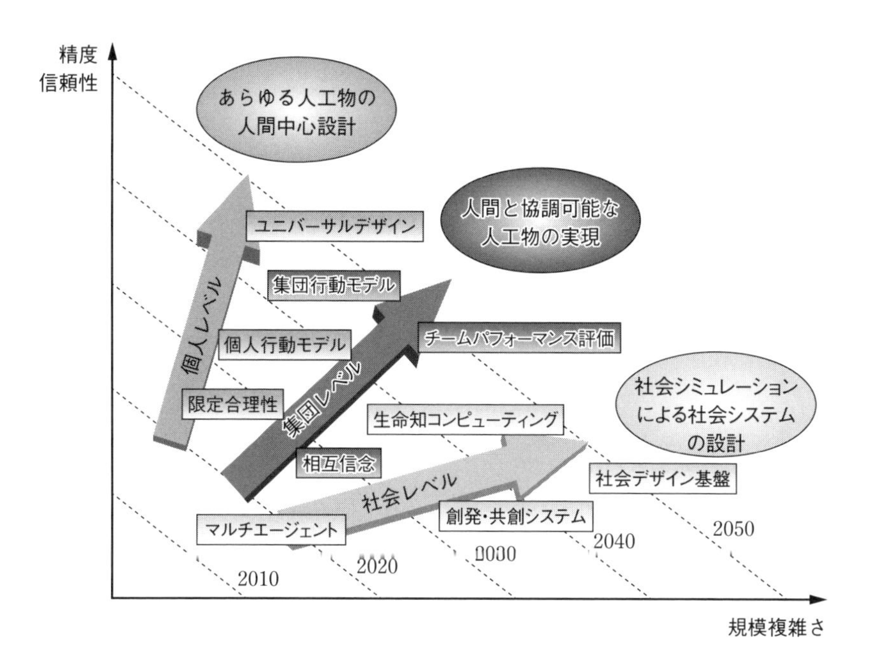

図 5.7.4　ヒト・社会システムのモデリング・シミュレーションに関するロードマップ（経産省　アカデミックロードマップ　第４章「社会システムのモデリング・シミュレーション技術分野」2010 より）

5.8 スマート・サービスのアーキテクチャ分類

日本の製造業が今後の異業種間連合等による新たなビジネス創出を行うために、さらに日本が提唱するSociety5.0をキー・コンセプトとしたシステム開発のために、CPSによって実現されるスマート・サービスのアーキテクチャを考える。スマート・サービスはいずれのアーキテクチャでも、デマンド・サイド（サービス利用者側）とサプライ・サイド（サービス供給者側）のビジネス・マッチングを実現するものと定義できる。

5.8.1 プラットフォーム・アプリ型

例えば、PCやスマートフォン上のアプリとして提供されるサービスとして、ネット販売サービスがあげられる。Amazon社は基本的にはネット販売サービスから始まり、事業拡大に合わせクラウド・プラットフォームを積極的に拡大し、今やITベンダーを超えるクラウド・サーバー事業者（Infrastructure as a Service）となっている。同様に、PCの検索エンジン・サービスとしてスタートしたGoogle社は自社の検索エンジンを含めたモバイル携帯用基本ソフト（Android）をオープン化することで、スマートフォンを自ら開発・製造することなくApple社に対抗する検索サービスを拡大（Software as a Service）し、日々膨大なアクセスを蓄積・分析することでアクセスした個人の特性に応じた情報表示の順位を制御しデジタル・マーケティングの先鞭をつけた。

一方、このタイプのアプリとして、新しいビジネス形態を提供するシェアリング・サービスが急拡大している。例えば、民泊サービスのAirbnbや、ライドシェアのUBERなどがあげられる。このタイプでは、サービス提供者は直接ハードウエアを持たず、利用者とサービスを実際に提供する登録された個人（Airbnbでは宿泊場所提供者、UBERでは車のドライバー）をこのアプリでつなぐことで、サービスが提供される。従って、サービス提供の事業拡大が容易であり、世界的に急激に立ち上がりつつある。

図 5.8.1 に、プラットフォーム・アプリ型の例として、UBER のシステムの構成を示す。本システムは、デマンド・サイド（乗客側）とサプライ・サイド（ドライバ側）をリアルタイムに Google マップ上でマッチングし、サービス終了後に料金の決済と合わせて、相互の評価を入力する仕組みとなっている。これによって、乗客とドライバーのそれぞれの評価レベルが蓄積され、本スマート・サービスの安定的運用に一役買っている。

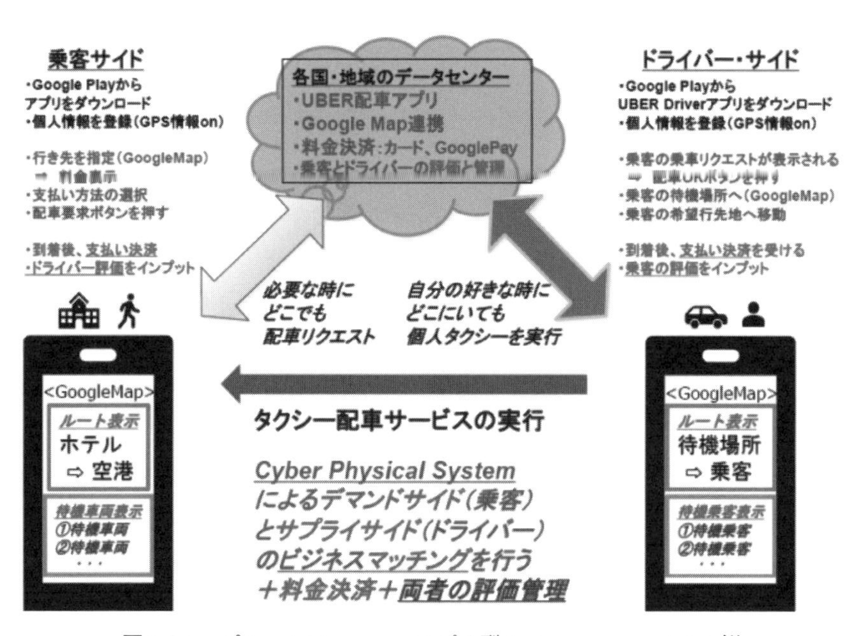

図 5.8.1　プラットフォーム・アプリ型スマート・サービスの例

5.8.2　垂直統合型

例えば、スマートフォン（iPhone）の設計・（委託）生産・販売とそのうえで提供するスマート・サービスも自社提供する Apple 社や、自社製ジェット・エンジンや医療画像装置（MRI）を製造販売すると同時に自社プラットフォームPREDIXで遠隔監視保守から、それらのアセット（資産）をより効率的に運用するサービスまでを提供するGE社が、垂直統合型サービスとしてあげられる。

5.8.3　スマート・コネクテッド・デバイス型

例えば、テスラー社EVのように、定期的にソフトウエアのアップデートを行うことで、機能的向上（例えば、自動運転レベルのアップグレード等）を実施する。あるいは、スマートフォンと無線接続しGoogle検索を利用してカーナビの行先地図情報を取得するサービスや、Amazon社のAlexaをインターフェイスとして採用することでスマート化するなどが、現時点での世界の自動車業界におけるコネクテッドカー・サービスであると言える。

5.8.4　複数プラットフォーム連携型サービス

今後、世界の自動車業界では本格的自動運転サービスの実現も含めて、ライドシェア等のプラットフォーム・アプリと連携することで新しいモビリティ・サービス（Mobility as a Service）への対応を実現していくことになるだろう。その意味で象徴的なこととして、世界のライドシェア大手（米欧：UBER、アジア：Grab、中国：Didi、インド：OLA）に出資しているソフトバンク社とトヨタ社が、新しいモビリティ・サービスに向けて戦略的提携に合意したことがあげられる。

5.9　Society5.0 とポスト・パンデミックの社会システム

5.9.1　日本が目指すべき社会システム Scoiety5.0 とは

図 5.9.1　Society5.0 による人間中心の社会の実現（内閣府資料より）

人口減少などの課題先進国である日本が、経済発展と社会的課題の解決を両立するための施策として Society5.0 を策定した。これはサイバー空間とフィジカル（現実）空間を高度に融合させたシステムにより、経済発展と社会的課題の解決を両立させる人間中心の社会を目指すものである。（図 5.9.1）

そのために、スマート・サービスの制度設計やコネクテッド・プロダクツとプラットフォームで構成される CPS の Digital Twin 開発環境として、本章で示すように設計科学、計算科学と情報科学の融合に加え、前述した行動経済学の限定合理性や利他性に基づく人・社会のモデリング・シミュレーション技術を統合した「計算情報科学基盤」の整備が必要と考える。理論科学、実験科学に対し第3の科学としての計算科学にはAIや機械学習・データ同化を含めるが、さらにMBDを含む設計科学、IoTやCPSを含む情報科学及び、人の限定合理性や利他性モデルをベースとする行動経済学を統合することである。

5.9.2 COVID-19感染拡大（パンデミック）に対する世界の対応

一方、2019年末から発生したCOVID-19（新型コロナウイルス感染症）の世界的急拡大（パンデミック）が、ワクチンの接種がはじまったところであるが、いまだ終息の見通しが立たず、さらなる第4波や変異株の感染拡大も進行中と想定され、世界経済への甚大な影響が想定される状況において、今後の日本の製造業が取るべき方向性についてもここでは考えてみたい。

先にCPSプロセスにおける不確かさの定量的評価に関して述べたが、そこで定義したコトに関わる不確かさはスマート・サービスの対象である人や社会集団の特性やサービス・ユースケースの不確かさに起因するものであった。しかしここで考えなければいけない不確かさは、予測が不可能な状況において人や社会集団の行動変容を促す施策に関連する。

不確かさを定量的に扱うには基本的に確率統計理論によるが、経済学分野における確率論の4つの立場について**図5.9.2**に示す。この中で特に、①、②及び④は繰り返し可能な事象を前提とした統計的確率論で「リスク」として解釈できるが、③では一度限りの事象における確率を扱い統計的確率を適用できない「(真の) 不確実性」を意味する。また、④の主観的確率はベイズの定理によって計測・定量化可能の確信の度合いとして定義され、人や社会の現象に広く適用される。

今般のCOVID-19対応のための疫学的予測ではいくつかの統計数理モデルが提案・活用され、各国での社会行動変容を促し感染拡大抑止政策の実施に役立ってきた。特に今回のCOVID−19の感染拡大においては、新種のウイルスの特性（感染強度、致死率等）は未知な部分が多く、またその発症時の重症化プロセスや治療薬、ウイルスの変異株の発生・拡大、さらに開発されたワクチンの世界各国での接種に至るプロセスなどが現時点ではまだ不確実で、③の（真の）不確実性に分類される。

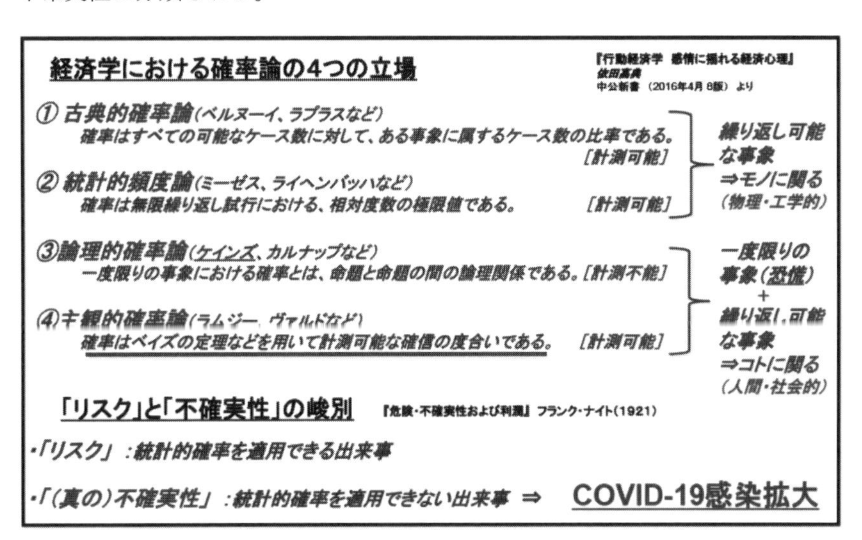

図 5.9.2　経済学における確率論の立場、リスクと不確実性

特に感染者の発見がPCR検査に依存し、しかも感染していても発症しない状態が一定期間ありその段階が最も感染力が高いという特性が明らかになり、単純に確認された感染者の数だけを見ているだけでは有効な対策が打てないことから、過去及び現在のデータから近い将来の感染者数を疫学的に予測する必要があることが広く認識されてきた。このためにいくつかの統計数理モデルが提案・活用され各国の社会的行動変容を促し感染拡大抑止政策の実施に役立ってきた。

代表的なモデルは、武漢封鎖（1月23日）から1週間後にオンラインで発表された香港大のレポート（**図 5.9.3**）で使われたSEIR（*Susceptible–Exposed–Infectious–Recovered*：未感染、接触未発症、感染発症、回復・死亡）モデルであり、本論文ではSEIRモデルに加え封鎖前後における武漢空港から出発する中国国内・外への航空便の行き先及び乗客数に関する実データを用いたビッグデータ解析を組み合わせたことが特徴である。さらに、重要なパラメータである基本再生産数（R_0）の確率分布を事後確率として推測していた。このレポートで報告された移動客数の上位を占めるアジアの諸都市（とりわけバンコック、香港、ソウル、シンガポール、台北、ホーチミン等）はその後の感染拡大を防ぐ対策を積極的に行い、感染拡大の抑制に成功したと考えられる。

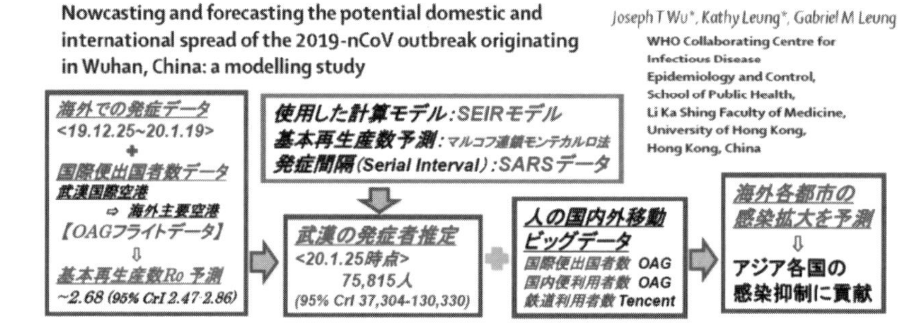

図 5.9.3　武漢封鎖前後における中国内、外への COVID−19 感染拡大の予測

一方、同時期に日本の感染状況の分析と対策の提言を行っていた専門家会議において活用されていたモデルはよりシンプルなSIR（Susceptible−Infectious−Recovered）モデルであるが、あわせて感染者の発症の時間的遅れ（Serial Interval）の確率分布表現や、感染者検出のためのPCR検査に関する偽陽性や偽陰性を考慮した実感染者数の推定に関してもベイズ推論が用いられた。（図5.9.4参照）

西浦教授グループによるCOVID-19の日本における感染初期の現状と予測モデル

・新型コロナウイルスの感染力特性を最初に示した論文：発症間隔（Serial Interval）の推定
・武漢封鎖時に日本に帰国した565人のデータを分析　：感染・無症候者の比率推定

論文タイトル　International Journal of Infectious Diseases 93 (2020) 284–286　著者 Hiroshi Nishiura 他
Serial interval of novel coronavirus (COVID-19) infections

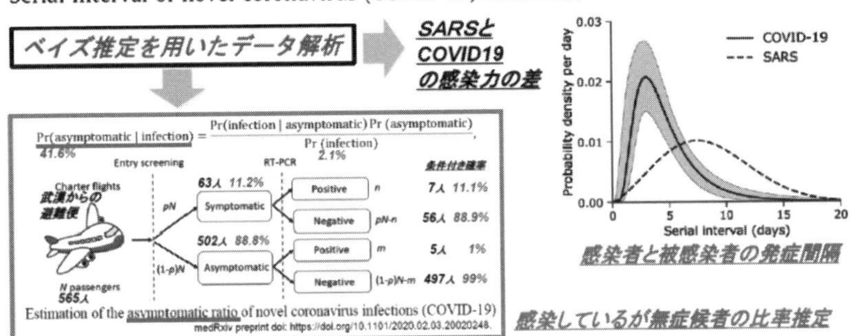

図5.9.4　感染発症時間差確率分布，PCR検査における実感染者数のベイズ推定

一方中国では、精華大の研究チームがより汎用化した統計数理モデル（Generalized SEIQR Model：図5.9.5参照）を用いて、武漢封鎖後の感染拡大から中国国内各都市での感染終息に至る経緯を、2月17日時点で予測した。その結果、武漢の終息は3月31日頃と予測されたが、実際に武漢の封鎖が解除されたのは4月8日であった。

さらに英国では、当初COVID−19感染対策に消極的であった政府の態度が、インペリアル・カレッジ・ロンドンのFergasonらを中心にまとめたレポートで、前述のSEIRモデルを用いて社会的封じ込め（Suppression）の必要性と、出口戦略としての公衆衛生的介入の繰り返し適用の必要性を提言（図5.9.6）し、英国での対応方針の大きな転換を導き出す要因となった。

最近では、統計数理モデルにGPS計測による人の行動データを用いたマルチエージェントモデルを組み合わせることで、ソシアル・ディスタンスによる接触機会の低減や、人の経済活動を考慮するシミュレーションも現れている。

武漢封鎖（1月23日）後の中国内でのCOVID-19の感染拡大予測（清華大チーム報告）

⇨ 1月20日～2月9日の実データを使い、最新の統計数理モデルを用いて感染の収束を予測

論文タイトル

Epidemic analysis of COVID-19 in China by dynamical modeling

medRxiv preprint doi: https://doi.org/10.1101/2020.02.16.20023465

オンライン投稿日
2020年2月18日

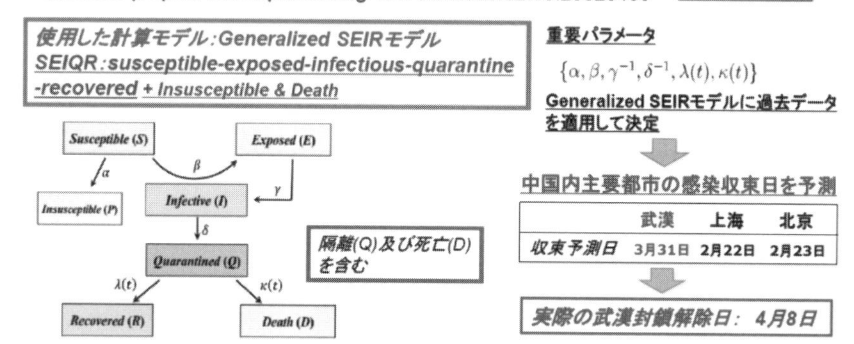

図 5.9.5　武漢封鎖後の中国主要都市での終息予測

英国における数理予測モデルを用いた出口戦略の提案：公衆衛生的介入

・ Fergusonらは、過去の感染症（SARS等）に関して組織的に取り組み、成果を挙げてきた。

⇨ その中で確立した統計数理的モデルを今回のCOVID-19に適用し、英国政府に提言した。

論文タイトル　DOI: 10.25561/77482

Report9: Impact of non-pharmaceutical interventions (NPIs) to reduce COVID-19 mortality and healthcare demand

著者 N. Ferguson 他

Imperial College London
COVID-19 Response Team

WHO Collaborating Centre for Infectious Disease Modelling
MRC Centre for Global Infectious Disease Analysis
Abdul Latif Jameel Institute for Disease and Emergency Analytics
Imperial College London

抑制（Suppression）と解除の繰返しにより医療危機（ICU使用数）を抑えることを予測

公衆衛生的介入（NPIs）による社会的封じ込め（Suppression）

1）外出、移動の禁止、
2）全国民の社会的（物理的）距離維持、
3）大学や学校の休講、
4）感染者及び家族の（自宅）隔離、
5）高齢者ハイリスク者の隔離

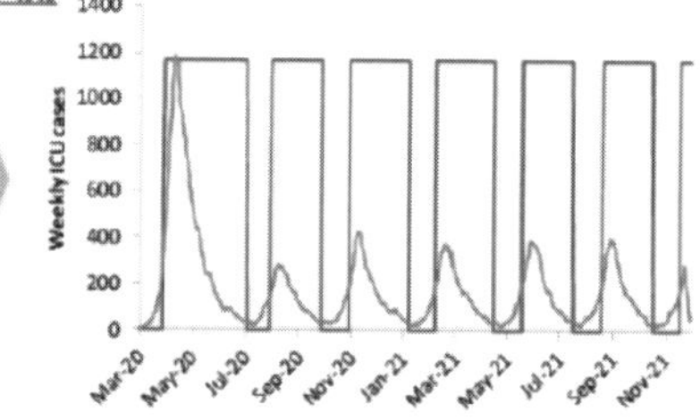

図 5.9.6　英国における数理モデルを用いた出口戦略：公衆衛生的介入

5.9.3　ポスト・パンデミックの社会システムを考える

上述の COVID−19 感染拡大というパンデミック状況下において、先に述べた真の不確かさの下での時間的感染拡大のデータから近い将来の感染者数及び重症者数の予測を行い、社会・経済的活動の抑制施策を適切に実行する必要がある。そのためには、主要な不確かさ（実感染者数、再生産数、人の移動抑制等）に起因するいくつかの異なるシナリオを設定し、それらの不確かさが解消される（治療薬の開発、ワクチンの開発と適用）までの期間の施策を、国や地域ごとに臨機応変に変えながら抑制策と緩和策を講じてゆく必要がある。この場合、先に示した人の行動データの収集と分析は、特に有効な手段となる。

図 5.7.4 に示したヒト・社会システムのモデリング・シミュレーションに関するロードマップでは、個人レベル、集団レベル、社会レベルの 3 階層でモデル化する必要性を述べた。特に個人レベルでは、個々人の多様性を考える行動経済学モデルを用いて、年齢別・性別等による行動の多様性（客観的リスクに対する主観的リスクが異なることによる多様性）を考慮したモデルを取り入れ、集団レベルでは地域的特性（地理的、経済的）を取込むモデル化が必要である。さらに、社会レベルではマルチエージェントを用いた統合化モデルによるシミュレーションと可視化が大変有効と思われる。

図 5.9.7 に、世界各国で実施されている COVID−19 感染拡大予測のために用いられている各種の統計数理モデル（Compartment Model）を示す。これらは基本的にはマクロ・モデルであり、感染の進行とともに対象者が未感染者（Susceptible）から潜伏期間（Exposed）、感染者（Infectious）、さらに隔離者（Quarantined）から回復者（Recovered）の状態（Compartment）へ時間的に移動することを表現する連立微分方程式を、数値的に解くことで予測する。最近では、感染者が隔離されるまでの遅れ（隔離遅延）を含めたモデルも提案されている。ただし、図 5.9.7 に示す重要なパラメータは過去のデータを用いて同定する必要がある。また、このモデルでは対象の個人差（年齢、性別、病歴等）や、人と人との接触形態（距離や対話状況、マスク有等）も考慮できない。従ってこ

COVID-19感染拡大を予測する、種々の統計数理モデル

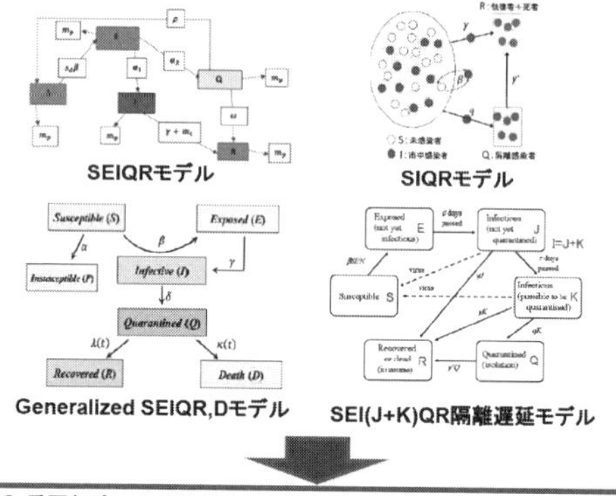

Compartment Models in Epidemiology

Susceptible：未感染者
Exposed：潜伏期間
（病原体にさらされたがまだ感染能力なし）
Infectious：感染者（感染能力を持つ患者）
Quarantined：隔離された感染者
Recovered：回復者（治癒者、死者を含む）

N：全人口、　$N=S+I+R$

重要なパラメータ：
β：感染率
（一人の未感染者が1日に出会う人間の平均値）X
（出会った人が感染者であった場合に感染を受ける確率）
$I(t)/N$：出会った人が感染者である確率
q：隔離率
σ：潜伏期間（感染力の無い期間）

R_0：基本再生産率 (Basic reproduction number)
$R_0=\beta/\gamma=T_r/T_c$　γ：治癒率
R_q：再生産数 (Quarantine reproduction number)
$R_q=\beta\{\gamma+q(1-e^{-\gamma\tau})\}/\gamma(\gamma+q)$

- 重要なパラメータは日々の正確なデータから求める必要がある。
- 各コンパートメントは、年齢、性別、病歴等個別情報を含まない。
- 人と人との接触の形態(距離、マスク有等)を考慮していない。

図 5.9.7　COVID−19 感染拡大予測に使用される各種統計数理モデル

れからの予測モデル構築には、人と人の接触に関する公共・SNS データの活用や、社会集団のエージェントモデルによるミクロ動態解析、さらに感染者集団の個人差を含めた感染率の確率分布を用いたメゾスコピック・モデル等マルチスケール・モデリングが必要である。

ここでは、**図 5.9.8** に示すように人や社会のモデリングとそれらの実動態を示すビッグ・データを融合した帰納的/データ駆動型科学として**予測科学**を定義したい。

図 5.9.8 に示す予測科学は、企業システムで考えると設計・生産・調達・販売・サービスのすべてのプロセスにおいて生成される企業データと、図5.3.1に示したサイバー空間上に定義する企業活動モデル（デジタルツイン）に加えて、社会的危機（災害、パンデミック等）の予兆や進展を常に監視し運用シナリオを臨機応変に変更するための機能として付け加えられる必要がある。現代のグローバル製造業が企業システムとして保有するグローバル・サプライチェーンに関して考えると、世界に分散した１次、２次等のサプライヤーからの部品の供給状況や、各地域の製品生産工場の日々の生産・在庫状況、さらに製品の販売

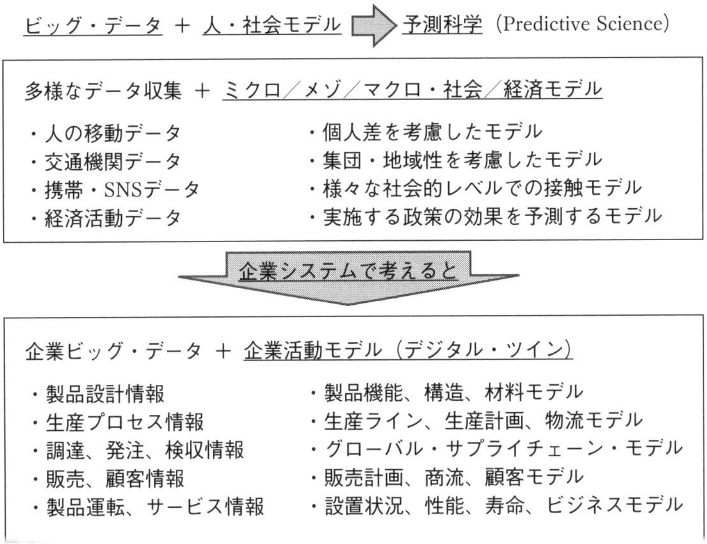

ビッグ・データ ＋ 人・社会モデル ⇨ 予測科学（Predictive Science）

多様なデータ収集	＋ ミクロ／メゾ／マクロ・社会／経済モデル
・人の移動データ	・個人差を考慮したモデル
・交通機関データ	・集団・地域性を考慮したモデル
・携帯・SNSデータ	・様々な社会的レベルでの接触モデル
・経済活動データ	・実施する政策の効果を予測するモデル

企業システムで考えると

企業ビッグ・データ	＋ 企業活動モデル（デジタル・ツイン）
・製品設計情報	・製品機能、構造、材料モデル
・生産プロセス情報	・生産ライン、生産計画、物流モデル
・調達、発注、検収情報	・グローバル・サプライチェーン・モデル
・販売、顧客情報	・販売計画、商流、顧客モデル
・製品運転、サービス情報	・設置状況、性能、寿命、ビジネスモデル

図 5.9.8　ポスト・パンデミックにおける予測科学

ルートごとの需要や注文情報と配送状況を全てデータ可視化し、さらに今後の需要・供給・物流の変動予測を行う必要がある。一方、上記に述べた社会的危機が発生した場合の全てのパスでの多様な障害に対する複数のリカバリー・シナリオを策定し、それを可能にする多重化、分散化、及び各生産拠点での適正在庫を含めたリスク・マネジメント方策を確立する必要がある。

このような企業活動は CPS をベースとしたデジタルツインとしてモデル化され、図 5.9.8 に示した企業活動に関連した多様なビッグ・データと組合わせて日常のグローバル・オペレーションの最適運用を実行することに加え、世界における危機情報を取込んで社会的危機への対応をも動的・迅速に実行できる枠組みとなる。

グローバル化した製造業では、グローバル・サプライチェーンの全体最適を大前提に構築・実践を行ってきたが、ポスト・パンデミックのサプライチェーンは、最終製品の市場最寄り化生産と合わせて、パンデミックや大規模災害発生時のサプライチェーン分断状況に対して、主要コンポーネントや部品供給網のローカライズ施策が前提となる。或いは、すべての部品を内作に近づけることや、適性在庫を前提とすること、さらに主要コンポーネントや部品供給網の多重化とパンデミックの状況変化に合わせたサプライチェーンのダイナミックな切り替えを可能にするリスク・マネジメントが必要である。さらに、社会的状態変化を常に監視し、グローバル・サプライチェーンの全てのデータの可視化と、各市場ごとの需要・供給・物流の変動を予測する機能が必要となる。

先に図5.9.1に示したSociety5.0に対する「計算情報科学基盤」では、計算科学を中心として理論科学、実験科学に設計科学を加え、人の限定合理性を前提とする行動経済学を統合することを提案した。

一方、本節で述べた不確実性の増大するポスト・パンデミック社会ではさらに一歩進めたSociety5.1として、前述の不確かさを考慮した統計数理モデルに人と社会のミクロ・メゾスコピック・マクロモデルを組み合わせた予測科学をこの基盤構築に加えることで、IoTを活用した新しいコネクテド・プロダクツ&社会システムの設計・開発と合わせ、CPSを基本アーキテクチャとした人間中心の新しいスマート・サービスや安心・安全のためのリスク評価と施策の立案が可能となり、IoT、AI、ポスト・パンデミック時代においてモノからコトへの企業及び社会構造変革（DX：デジタルトランスフォーメーション）を実現するものと位置付けられ、日本の社会と製造業の強みとなるものと我々は信じている。この全体像を、**図5.9.9**及び**図5.9.10**に示す。

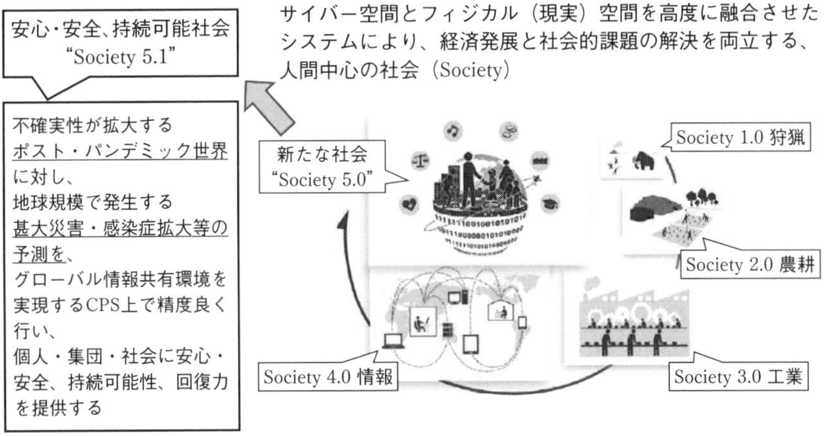

安心・安全、持続可能社会
“Society 5.1”

不確実性が拡大する
ポスト・パンデミック世界
に対し、
地球規模で発生する
甚大災害・感染症拡大等の
予測を、
グローバル情報共有環境を
実現するCPS上で精度良く
行い、
個人・集団・社会に安心・
安全、持続可能性、回復力
を提供する

サイバー空間とフィジカル（現実）空間を高度に融合させた
システムにより、経済発展と社会的課題の解決を両立する、
人間中心の社会（Society）

新たな社会
“Society 5.0”

Society 1.0 狩猟

Society 2.0 農耕

Society 3.0 工業

Society 4.0 情報

図 5.9.9　ポスト・パンデミック社会への転換：Societ5.0 から Society5.1 へ
（出典：内閣府資料　平成 29 年 6 月 9 日）に著者が追記

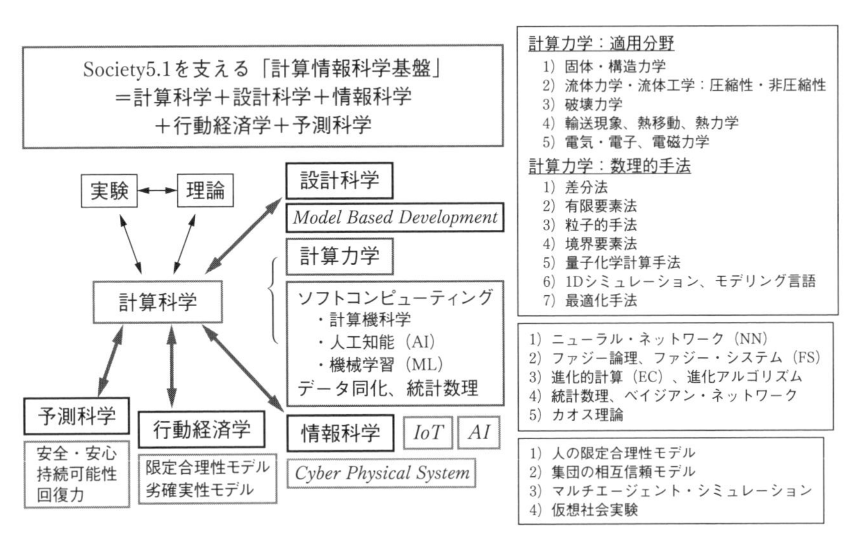

図 5.9.10　Society5.1 を支える計算情報科学基盤

おわりに

今までの、「塾長秘伝」「解析塾秘伝」シリーズは、有限要素法を中心とした機械工学、CAEの「既知」の論理についてまとめてきました。

今回は趣向を変えて、ヒトとAI×CAEがどのように融合し、これからの実用化設計や生産の改善などが行えるかという「将来のものづくり・最適化社会」について、提案型でまとめてみました。

みなさまはどのように思いましたか？

思えば、CAD、CAE、AI、コンピュータなどの概念は、1950年代からすでに提唱されてきました。それが半世紀を超えて、今、ようやく活用できるレベルにまでなってきているのです。

しかしながら、夢の「試作レスによる製品開発」や「最適化社会」に向け、AIやCAEは、論理的な観点、活用面の観点でさらに進化させなければなりません。まだまだ道長ばで、この先も、AI×CAE、あるいは、プラスアルファとして、新たな手法や開発、ロボットの活用による製造・計測等の自動化も必要になってくるかもしれません。また、パンデミックなどのリスク対策も必要です。

本著では、今回執筆したメンバーで想像できる範囲で、「これからの実用化設計・最適化社会」に向けた今後のAIおよびCAEの活用法について、提案してきました。5年後、10年後と時を重ねれば、さらに良いアイデアが生まれてくるかもしれません。それを考えて創造するのは、現場で第一線として活躍されている若手技術者の方々だと思います。

若手技術者の方々には、本著をご一読いただき、さらなる「実用化設計手法」、「最適化社会の実現」を創造し、研究・開発を進めていただければと思います。

ただし、忘れてはならないのは、本文でも述べましたが「AI×CAEを活用するヒト」の教育です。いくら人工知能を用いて、機械が「実用化設計」を行うことができ、「最適化社会」をつくることができたとしても、なぜ、それが「実

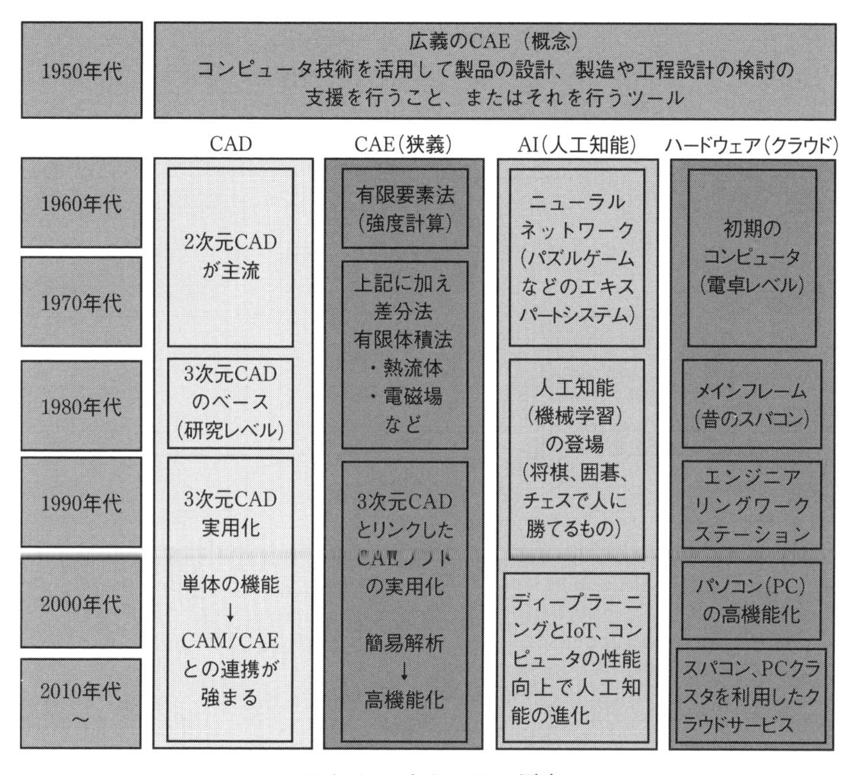

AI と CAE など、IT の歴史

用的」なのかどうかは、「ヒト」が説明できなければなりません。

「はじめに」でも述べましたが、もし、あなた自身がプロジェクトリーダーとして携わった製品開発において、AI と CAE で「実用化設計」をした製品が不具合を起こした時に、まさか、不具合を起こした理由を「AI がそのような結果を出したから。」や「CAE がそのような答えを出したから。」とは言えませんよね？

あくまでも、AI×CAE はツールであり、「実用的な設計案」を導き出した結果については、設計者・生産技術者であるあなた自身が AI×CAE の思考を理解し、説明できるようにしておかなければなりません。

AI×CAE の思考を理解し、説明できるようにするためには、プロジェクト

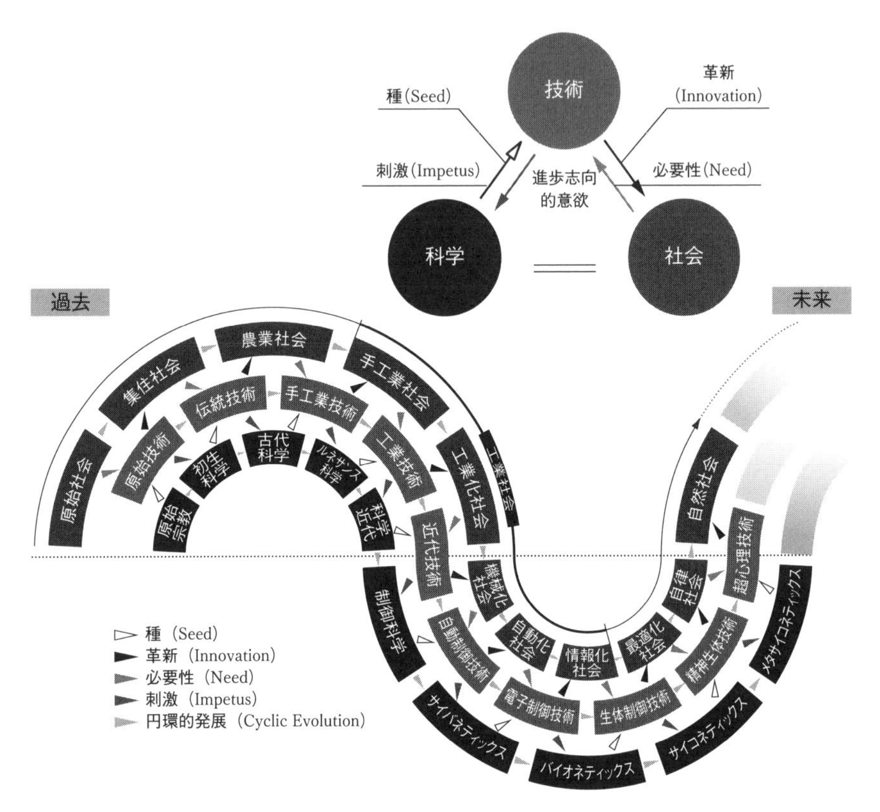

最適化社会から未来への道のり（出典：オムロン(株)SINIC 理論より）

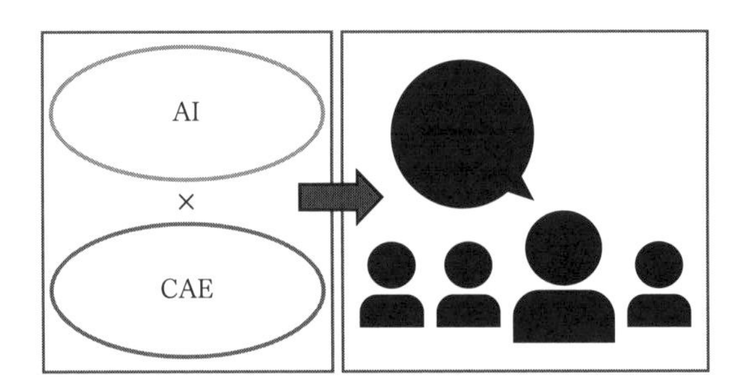

図　AI や CAE が考えた「実用化設計」をヒトに教育し、説明できるようにするためのしくみづくり

リーダーのあなた自身が、「機械工学」「電気工学」「制御工学」や「統計学」などについて学習し、説明することができるための学習と、それを推進するしくみづくりが必要になると考えます。

最後に、本著を執筆するにあたりご協力いただいたNPO法人CAE懇話会理事長の平野様、理事の辰岡様、共同執筆者の安武様・片山様をはじめ、ご助言いただいた、社内外の諸先輩方にお礼申し上げます。誠にありがとうございました。

これからも、NPO法人CAE懇話会では、みなさまのお役に立てると思われるセミナーや勉強会・書籍の作成などを行っていきます。みなさまのご要望をお聞かせください。下記のURLのお問合せ先に投稿いただければ幸いです。

NPO法人CAE懇話会　URL：http://www.cae21.org/

2021年5月31日

岡田　浩

参考文献

〈はじめに、第１章〉

１）厚生労働省ホームページ（https://www.mhlw.go.jp/index.html）
２）現場で使える　TensorFlow 開発入門　太田満久、須藤広大、黒澤匠雅、小田大輔著（翔泳社）
A Neural Network Playground　http://playground.tensorflow.or
３）総務省　ICT スキル総合習得教材　3–5：人工知能と機械学習
４）トコトンやさしい人工知能の本　辻井　潤一監修　産業技術総合研究所　人工知能研究センター　編（日刊工業新聞社）
５）トコトンやさしい IoT の本　山﨑　弘郎著（日刊工業新聞社）
６）現場で使える　TensorFlow 開発入門　太田満久、須藤広大、黒澤匠雅、小田大輔著（翔泳社）
A Neural Network Playground　http://playground.tensorflow.org
７）ディープラーニング　G 検定　公式テキスト　浅川伸一、江間有沙、工藤郁子、巣籠啓介、松井孝之、松尾豊　著
一般社団法人日本ディープラーニング協会　監修（翔泳社）”
８）株式会社 Spot.INC 社（https://spot-corp.com/）が運営している「Deep Age」のURL より
https://deepage.net/deep_learning/2016/11/07/convolutional_neural_network.html
９）はじめての SonyNNC　柴田良一　著　ソニー(株)／ソニーネットワークコミュニケーションズ(株)監修（工学社）
10）アタリマエ　HP　https://atarimae.biz/archives/15536
11）AI 人工知能テクノロジー社コラム 「いまさら聞けないバックアノテーションとは？ホームページ記事より
12）最強囲碁 AI アルファ碁解体新書　大槻知史　著　三宅陽一郎　監修（株式会社翔泳社）

〈第２章〉

１）「解析塾秘伝」CAE を使いこなすために必要な基礎工学！　岡田浩　著　NPO 法人 CAE 懇話会解析塾テキスト編集グループ　監修（日刊工業新聞社）

２）オムロン株式会社　ニューノーマル時代の CAE 活用術　HP　https://www.edge-link.omron.co.jp/news/275.html

３）名古屋モノづくりワールド　第６回設計製造ソリューション展　専門セミナ「DX 時代にこそ求められる CAE 活用の真価製品開発の競争力を高めるヒント」資料

〈第３章〉

１）平　邦彦：固有直行分解による流体解析：1．基礎、ながれ　30（2011）115-123.

２）平　邦彦：固有直行分解による流体解析：2．応用、ながれ　30（2011）263-271.

３）平　邦彦：Revealing essential dynamics from high-dimensional fluid flow data and operators、ながれ　38（2019）52-61.

４）Taira, K., Brunton, S., et. al.: Modal Analysis of Fluid Flows: An Overview, *AIAA Journal* 55（2017）4013-4041.

５）Belkooz, G., Holmes, P., & Lumly, J. L.: The proper orthogonal decomposition in the analysis of turbulent flows, *Ann. Rev. Fluid Mech.* 25 (1993) 539-575.

６）Chatterjee, A.: An introduction to the proper orthogonal decomposition, *CURRENT SCIENCE,* 78 (2000) 808-817.

７）猪口純一、山前康夫、安木剛：Reduced Model による SUV 側衝突時のセンターピラー変形モードの予測、自動車技術会論文集　49（2018）359-364.

８）橋本将太、小野寺啓祥、山前康夫、安木剛：Reduced Model による前面衝突時の車体変形予測技術の開発、自動車技術会論文集　50（2019）1102-1107.

９）野々村拓：EFD とデータ駆動科学、日本機械学会誌　122 巻　1210 号（2019）17-19.

10）Benner, P., Gugercin, S., Wilcox, K.: A Survey of Projection-Based Model Reduction Methods for Parametric Dynamical Systems, *SIAM Review* 57（2015）483-531.

11）Golub, G. H., Reinsch, C.: Singular Value Decomposition and Least Squares

Solutions, *Numer. Math.* 14 (1970) 403–420.
12) Schmid, P. S.: Dynamic mode decomposition of numerical and experimental data, *J. Fluid Mech.* 656 (2010) 5–28.
13) 菊池亮太、三坂孝志、大林茂：縮約モデルとデータ同化によるリアルタイム非定常流予測技術：第 8 回 EFD/CFD 融合ワークショップ（2016).

〈第 4 章〉

1) IoT まるわかり、三菱総合研究所（編）（日経文庫）
2) IoT 最強国家ニッポン、南川明（講談社＋α 新書）
3) 5G ビジネス 亀井卓也著（日経文庫）
4)「5G 革命」の真実、深田萌絵（WAC 文庫）
5) クラウド・コンピューティング、西田宗千佳（朝日新書）
6) IoT とは何か　技術革新から社会革新へ、坂村健（角川新書）
7) DX とは何か　意識改革からニューノーマルへ、坂村健（角川新書）
8) ドローンビジネス参入ガイド、関口大介、岩崎覚史（翔泳社）
9) トコトンやさしいドローンの本、鈴木真二、日本 UAS 産業振興協議会（日刊工業新聞社）
10) 日本のものづくりを支えたファナックとインテルの戦略、柴田 友厚（光文社新書）
11) キャノン特許部隊、丸島儀一（光文社新書）
12) 知財が開く未来、山本秀策（朝日新聞出版）
13) 統計解析のはなし【改訂版】　大村平（日科技連）
14) 信頼性工学のはなし【改訂版】　大村平（日科技連）
15) 異端の統計学ベイズ　シャロン・バーチュ・マグレイン著（思想社文庫）

〈第 5 章〉

1) Wu, J.T., Leung, K., Leung, G.M., Nowcasting and forecasting the potential domestic and international spread of the 2019–nCoV outbreak originating in Wuhan, China: a modelling study, *The Lancet* Jan. 31, 2020.
doi: https://doi.org/10.1016//50140–6736(20)30260–9

2）Nishiura H., et.al.: “Estimation of theasymptomatic ratio of novel coronavirus infection (COVID–19)”, medRxiv preprint (2020).
doi: https://doi.org/10.1101/2020.02.03.20020248

3）Nishiura H., Linton NM, Akhmetzhanov AR: “Serial interval of novel coronavirus (COVID–19) infections”, *International Journal of Infectious Diseases* Vol. 93 pp.284–286 (2020).

4）Peng L., Yang W. et.al.: “Epidemic analysis of COVID–19 in China by dynamical modeling”, medRxiv preprint (2020).
doi: https://doi.org/10.1101/2020.02.16.20023465

5）Ferguson, N. M. et al.: “Report 9: Impact of nonpharmaceutical interventions to reduce COVID–19 mortality and healthcare demand”, Preprint at Spiral (2020).
doi: https://doi.org/10.25561/77482

6）平野徹：AI・IoT時代の新しいCAE，機械設計，63, 5 (2019), 1800.

7）平野徹：Sociaty5.0を支える人・社会とシステム・サービスの不確かさを含めたモデリング・シミュレーション，機械学会計算力学部門ニュースレター No.64 pp.2–5 Nov. (2020).

〈おわりに〉

1）設計検討って、どないすんねん！ Step2　山田学、岡田浩編著　横田川昌浩　藤田政利　山岸裕幸　宮本健二（日刊工業新聞社）

2）オムロン株式会社HP　SINIC理論　HP https://www.edge–link.omron.co.jp/news/229.html

索　引

（五十音順）

あ　行

か　行

さ　行

た 行

な 行

は 行

ま　行

や　行

ら　行

欧　数

〈著者紹介〉

平野　徹（ひらの　とおる）

1948年生まれ。北海道出身。日本機械学会・フェロー、大阪工業大学・客員教授。

1972年にダイキン工業(株)に入社。技術開発室にて建築物の年間非定常負荷計算ソフトの開発に従事、1983年にCAEセンター設立に参画、1994年CAEセンター所長、1996年電子技術研究所所長に就任、機械と電子技術の両面から技術開発とCAEの社内展開を推進した。1987年から10年間、傾斜機能材料開発（FGM）国家プロジェクトに参画、熱応力緩和FGMやエネルギー変換FGM開発のためのマルチスケール解析技術を開発した。その後、ソリューション事業展開や海外企業との提携等に従事し、2004年ダイキン情報システム(株)・常務取締役に就任、設計及び生産システム開発と海外展開を担当、現在は顧問を経てスペシャリストとしてIoT、AI技術の社内展開をサポートしている。

また、2002年にNPO法人CAE懇話会の設立に参画、2009年から理事長と関西CAE懇話会の会長を務めている。2013年から理研・計算科学研究機構（京コンピュータ）の運営諮問委員を務めた。CAE関連や傾斜機能材料関連の書籍や論文等、多数。

安武　健司（やすたけ　けんじ）

1962年生まれ。奈良県出身。

1985～2012年、シャープ(株)技術本部にて流体、伝熱、構造、電磁界、射出成型等のCAE技術開発に従事。また生産技術本部にて液晶及び太陽電池の製造装置の技術開発に従事。さらにソーラー事業部にてバックコンタクト型太陽電池モジュールの技術開発および企画業務に従事。

2012年12月にシャープ(株)を早期退社し、アステロイドリサーチ(株)代表取締役社長に就任。機械系技術（CAE、実験）、知財活用（特許、商標等）およびクラウドファンディングに関するコンサルタントとして活躍。

2016年よりNPO法人CAE懇話会の幹事に就任。現在に至る

著書に、電子書籍“女性起業家のための超わかりやすい「商標」入門”をAmazonにて出版（2016年3月）がある。

片山　達也（かたやま　たつや）

1982年生まれ。大阪府出身。

2005年に電機メーカーに入社。家電商品の開発に従事。その中でモノを作らなくてもコンピュータの中で現象を予測できるCAEの虜に。設計活用できるCAEの技術開発・教育に従事した。2012年により複雑な現象を求め、空調機器メーカーに転職。冷媒圧縮機のCFDや音振動の構造解析などを中心に解析技術の高度化に務め、現在は、それらの解析技術を駆使し冷媒圧縮機の開発に従事している。

社外活動としては、NPO 法人 CAE 懇話会の関西支部幹事の他、オープン CAE 勉強会@関西の幹事の一人として、CAE の枠にとらわれず先進的な技術に飛びつき、技術の無駄遣いと言われるようなテーマを日々探求し、趣味レーションを楽しんでいる。

岡田　浩（おかだ　ひろし）

1965 年生まれ。福岡県出身。技術士（機械部門）、機械設計技術者（1 級）

1991 年に電機メーカーに入社。金属・機械材料の加工の影響を考慮した強度・疲労寿命評価と改善、電子機器の放熱対策、新生産工法の開発に取り組むとともに、構造・熱・樹脂流動 CAE の教育・推進に従事した。現在は「AI と CAE を用いた、設計上流での機能・工法を考慮した製品品質評価と改善活動」に従事している。

社外では、NPO 法人 CAE 懇話会の関西支部幹事などで、CAE の製造業への推進活動にも携わっている。

著書に、「解析塾秘伝　CAE を使いこなすために必要な基礎工学！」「塾長秘伝　有限要素法の学び方！（共著）」「設計検討ってどないすんねん！ STEP1、STEP2（共著）」（日刊工業新聞社刊）などがある。

〈解析塾秘伝〉AIとCAEを用いた実用化設計

NDC 501.34

2021年6月17日　初版1刷発行　（定価は、カバーに表示してあります）

© 著　者　平野　徹
安武健司
片山達也
岡田　浩

監修者　NPO法人CAE懇話会
解析塾テキスト編集グループ

発行者　井水治博

発行所　日刊工業新聞社

東京都中央区日本橋小網町14-1
（郵便番号　103-8548）
電話　書籍編集部　03-5644-7490
販売・管理部　03-5644-7410
FAX　03-5644-7400
振替口座　00190-2-186076
URL　https://pub.nikkan.co.jp/
e-mail　info@media.nikkan.co.jp

印刷・製本　美研プリンティング

落丁・乱丁本はお取り替えいたします。　2021 Printed in Japan

ISBN 978-4-526-08146-0